Selektiv-
Schutzeinrichtungen
für Hochspannungsanlagen

mit Anleitung zu ihrer Projektierung

von

M. Walter
Oberingenieur

Mit 77 Abbildungen

MÜNCHEN UND BERLIN 1929

VERLAG VON R. OLDENBOURG

Druck von R. Oldenbourg, München

Vorwort.

Das vorliegende Buch bringt in gedrängter Form eine vergleichende Darstellung der derzeitigen Selektivschutzeinrichtungen und gibt Anleitung zu ihrer Projektierung einschließlich der erforderlichen Kurzschluß- und Erdschlußstromberechnungen. Von der Behandlung des konstruktiven Aufbaues der einzelnen Relais wurde abgesehen, da in der Fachliteratur und in den Sonderheften der Herstellerfirmen schon sehr ausführliche Relaisbeschreibungen existieren. Es galt mehr, eine Studie über die prinzipielle Wirkungsweise der typischen Schutzeinrichtungen zu bringen und die Lücken in der Literatur über die Projektierung und die Auswertung von Betriebsstörungen auszufüllen. Die Darlegungen stützen sich im wesentlichen auf Erfahrungen, die ich in mehrjähriger Tätigkeit im Projektieren und bei Inbetriebnahme von derartigen Schutzeinrichtungen sowie im Zusammenarbeiten mit den Elektrizitätswerken sammeln konnte.

Die neuerdings von der »Vereinigung der Elektrizitätswerke« in Vorschlag gebrachten und vom VDE angenommenen Bezeichnungen auf dem Relaisgebiet sind nach Möglichkeit benutzt worden.

Den Firmen AEG, BBC, Dr. P. M. und S. & H. sei hier für die Überlassung von Druckstöcken und Lichtbildern nochmals bestens gedankt.

Berlin, August 1929.

M. Walter.

Inhaltsverzeichnis.

Seite

A. Einleitung 1

B. Selektivschutz nach dem Widerstandsprinzip . 2

    1. Prinzipielle Arbeitsweise der Relais 2
    2. Verwendungsgebiet der Relais 8
    3. Wirkungsweise und Wahl der Ansprechglieder . . . 9
    4. Wirkungsweise der Ablaufglieder und Wahl der Schutz-
       art (Impedanz-, Reaktanz- oder Resistanzschutz) . . 15
    5. Bestimmung der Sekundärimpedanz 20
    6. Zeitkennlinien 23
    7. Abschaltzeit 27
    8. Strom- und Spannungswandler 34
    9. Zwei- und dreipolige Ausrüstung 38
   10. Auslöseart 44
   11. Anzeigeeinrichtungen, Selbstüberwachung und Kon-
       trolle der Relais 52
   12. Unterlagen für die Projektierung 57

C. Stoß- und Dauerkurzschlußstrom in Drehstromnetzen. 58

D. Grundlagen zur Berechnung der Kurzschlußströme in Drehstromnetzen 63

    1. Einführung 63
    2. Nennstrom eines Generators bzw. eines Transformators 65
    3. Streureaktanz und Ankerreaktanz eines Drehstrom-
       generators je Phase 66
    4. Reaktanz eines Transformators je Phase 67
    5. Reaktanz einer Kurzsehlußdrosselspule je Phase . . . 67
    6. Reaktanz einer Freileitung je km und Phase . . . 68
    7. Reaktanz eines Drehstromkabels je km und Phase . 70
    8. Ohmscher Widerstand einer Freileitung bzw. eines
       Kabels je km und Phase 72
    9. Lichtbogenwiderstand bei Kurzschluß 74
   10. Impedanz eines Anlageteiles je Phase 80
   11. Stoßkurzschlußstrom bei zwei- und dreipoligem
       Schluß 81
   12. Dauerkurzschlußstrom bei dreipoligem Schluß . . . 82
   13. Dauerkurzschlußstrom bei zweipoligem Schluß . . . 84

VI

Seite

E. Wirkungen des Kurzschlußstromes 84
   1. Mechanische Wirkungen 84
   2. Wärmewirkungen 85

F. Projektierung einer Selektivschutzanlage mit
Impedanzrelais 88
   1. Wahl der Zeitkennlinien und Ermittlung der Abschalt-
     zeit bei dreipoligem Kurzschluß 88
   2. Ermittlung der Abschaltzeit bei zweipoligem Kurz-
     schluß 95
   3. Prinzipielle Überlegungen 98

G. Praktisches Beispiel für die Ermittlung der
thermischen und dynamischen Beanspruchung
von Anlageteilen bei Kurzschluß 101
   1. Anlage ohne Kurzschlußdrosselspulen 101
   2. Anlage mit Kurzschlußdrosselspulen 103

H. Schutzsysteme für verschiedene Anlageteile in
Drehstromnetzen 104
   1. Einführung 104
   2. Generatorenschutz 105
   3. Transformatorenschutz 108
   4. Sammelschienenschutz 110
   5. Freileitungsschutz 111
   6. Kabelschutz 112
   7. Umformerschutz 112
   8. Schutzeinrichtungen für Großkonsumentenanlagen . . 113

J. Zulässige Dauerbelastung von Drehstromkabeln 115

K. Erdschlußstrom in galvanisch zusammenhängen-
den Netzen und Erdschlußschutzeinrichtungen 116

L. Literaturverzeichnis 127

A. Einleitung.

Die Selektivschutzeinrichtungen für Hochspannungsanlagen, worunter ganz allgemein die Schutzeinrichtungen für Freileitungen, Kabel, Generatoren, Transformatoren, Sammelschienen, Umformer und Großkonsumentenanlagen gegen Kurz- und Doppelerdschluß, weniger gegen Erdschluß verstanden werden, haben in den letzten Jahren eine stürmische Entwicklung durchgemacht. Insbesondere trifft dies für die Schutzsysteme nach dem Widerstandsprinzip (Distanzrelais) zu. Die einschlägige Literatur hat mit der schnellen Entwicklung der Selektivschutzeinrichtungen nicht Schritt gehalten. Wohl sind in Zeitschriften und Firmenbroschüren vereinzelt Aufsätze erschienen, doch behandeln diese vornehmlich bestimmte Relaisausführungen, weniger die Schutzeinrichtungen als Ganzes. Zu einer Selektivschutzeinrichtung gehören nämlich außer den Relais und ihren Anzeigeeinrichtungen noch die Wandler, die Auslösestromquellen und die Auslöser an den Schaltern.

In der vorliegenden Schrift wird versucht, dem praktisch tätigen Elektroingenieur sowie dem Studierenden die erforderlichen Unterlagen über Wirkungsweise und Projektierung der typischen Arten von Schutzeinrichtungen, wie sie zurzeit in Hochspannungsanlagen verwendet werden, möglichst einfach und übersichtlich zu vermitteln. Den Schwerpunkt bilden in ihr die sog. Distanzschutzeinrichtungen. Hier wurden, wie schon aus dem Inhaltsverzeichnis zu ersehen ist, außer den einzelnen Relaisgliedern und den vollständigen Relais auch die dazugehörigen Strom- und Spannungswandler näher untersucht und grundsätzliche Überlegungen über die Auslösung durch Gleich- und Wandlerstrom, die zwei- und dreipolige Ausrüstung, die Auslegung und Ermittlung der Zeitkennlinien und der Abschaltzeiten angestellt. Auslöseart, Abschaltzeit und Ausrüstung gehören zu den umstrittensten Fragen auf dem Selektivschutzgebiet; sie wurden deshalb einem besonderen

Studium unterzogen und die Ergebnisse, soweit erforderlich, durch oszillographische und andere Messungen unterstützt.

Der Projektierung von Distanzschutzeinrichtungen wurde, wie auch in meinem vor einem Jahr erschienenen Buch »Projektierung von Selektivschutzanlagen nach dem Impedanzprinzip«, ROM-Verlag, die Sekundärimpedanz-Methode zugrunde gelegt. Diese ist durch die Einführung einer Rechnungsgröße, der Sekundärimpedanz, gekennzeichnet, welche die Auslegung der Relaiszeitkennlinien und die Überprüfung der Schutzeinrichtungen wesentlich erleichtert.

Auf Grund der Darlegungen im Kapitel B und der dabei gewonnenen Ergebnisse ist im Kapitel F die Projektierung einer Distanzschutzanlage praktisch durchgeführt.

Die Projektierung elektrischer Schutzeinrichtungen ist mit der Berechnung der Kurzschluß- und Erdschlußströme sehr eng verbunden. Die diesbezüglichen Kapitel wurden daher ausführlich und den Bedürfnissen der Praxis entsprechend gehalten. Zur Erleichterung der Zahlenrechnungen sind Kurventafeln der wichtigsten oft vorkommenden Funktionen an verschiedenen Stellen des Buches eingestreut. Besondere Kapitel sind auch der dynamischen und thermischen Beanspruchung von Anlageteilen gewidmet, um für die Überprüfung der Netze auch in dieser Hinsicht Anhaltspunkte zu geben.

B. Selektivschutz nach dem Widerstandsprinzip.

1. Prinzipielle Arbeitsweise der Relais.

Die Selektivrelais nach dem Widerstandsprinzip (Impedanzrelais, Reaktanzrelais und Resistanzrelais) stellen in der Relaistechnik einen entschiedenen Fortschritt dar. Ihrer Einführung hat man es eigentlich zu verdanken, daß die Relaistechnik selbst zu einem beachtenswerten Zweig der Elektrotechnik geworden ist. War doch das Relaisgebiet bis vor einigen Jahren noch stark vernachlässigt. Die Einführung der widerstandsabhängigen Relais hat es zwangläufig mit sich gebracht, daß die Vorgänge in den Leitungsnetzen bei Kurzschluß, insbesondere bei Kurzschluß über Lichtbogen und bei Doppelerdschluß, einem vielseitigen Studium sowohl theore-

tisch als auch empirisch unterzogen wurden. Die Ergebnisse
dieser Untersuchungen sind zum Teil in der Literatur veröffent-
licht, zum Teil aber befinden sie sich noch als Niederschriften
in den Akten der betreffenden Firmen.

Erst durch die widerstandsabhängigen Relais ist es möglich geworden, die Energieübertragung und die Energieversorgung in Hochspannungsnetzen jeder Gestaltung, auch in Kurz-
schluß- und Doppelerdschlußfällen, sicherzustellen. Die weit-
gehende Vermaschung und Kupplung der Netze, die im Zuge
der Zeit liegt, bringt nicht nur wirtschaftliche Vorteile, sondern

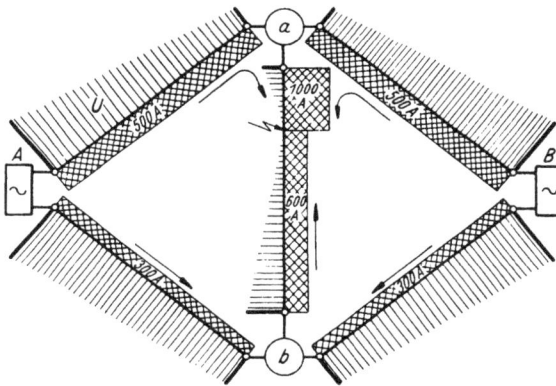

A und B — Kraftwerke.   a und b — Unterstationen.
Abb. 1. Strom- und Spannungsverteilung im Netz bei Kurzschluß.

verbürgt bei Verwendung geeigneter Schutzeinrichtungen auch
in betriebstechnischer Hinsicht eine erhöhte Sicherheit. Heute
wird es wohl kaum noch einen ernsten Elektrotechniker geben,
der die vermaschten Netze vermanschte Netze nennt.

Die Abtrennung gestörter Anlageteile kann bei beliebigen Netzgestaltungen von den widerstandsabhängigen
Relais deswegen bei Kurzschluß und Doppelerdschluß selektiv
herbeigeführt werden, weil sie im Gegensatz zu anderen Relaisarten wie Überstromzeitrelais, Unterspannungszeitrelais, Differentialrelais, Richtungsrelais usw. zugleich drei Größen: S t r o m ,
S p a n n u n g , Energierichtung, als wählende bzw. unter-
scheidende Merkmale benutzen. U n t e r s e l e k t i v e r A b -
s c h a l t u n g v e r s t e h t m a n d i e s e l b s t t ä t i g e A b -

4

trennung gestörter Anlageteile durch die nächstliegenden zugehörigen Ölschalter, veranlaßt
durch die zugehörigen Relais nach Eintritt von
anormalen Betriebsverhältnissen. Wie sich die
Strom- und Spannungsverteilung sowie die Energierichtung
bei Kurzschluß gestaltet, soll durch nachstehende Betrach-
tungen näher erläutert werden.

Die Strom- und Spannungsverteilung in einem Netz mit
Kurzschluß geht aus der Abb. 1 hervor. Darin bedeutet die
senkrechte Schraffur den Verlauf der Spannung, die karierte
den Verlauf des Stromes.

An der Kurzschlußstelle, die durch den Blitzpfeil gekenn-
zeichnet ist, herrscht zwischen den betroffenen Phasen bei
metallischer Verbindung eine Spannung von nahezu 0 Volt.
Diese wird bei Kurzschluß über Lichtbogen oder über Erde,
dem sog. Erdkurschuß[1]), natürlich höhere Werte annehmen.
Von der Kurzschlußstelle aus nimmt die Spannung zwischen
den kurzgeschlossenen Leitern nach den Speisequellen bzw.
Kraftwerken stetig zu, entsprechend dem Anwachsen der
Kurzschlußschleifen an Länge und mithin an Impedanz
(Scheinwiderstand). Die Stromstärke ist dagegen auf der
ganzen Länge der einzelnen Leitungen konstant und weist bei
mehrfach parallelen Leitungen sowie bei vermaschten Netzen
die größten Werte in der kranken Leitung auf. Aus der Strom-
und Spannungsverteilung bei Kurzschluß ergibt sich, daß die
selektive Abtrennung des kranken Anlageteiles erreicht wird,
wenn die Arbeitszeit t der Relais um so kleiner ist, je kleiner
die Spannung an ihrer Einbaustelle und je größer der Strom
in der betroffenen Leitung ist. Diese Bedingung läßt sich
ganz allgemein durch die Beziehung

$$t = \delta \cdot \left(\frac{U}{I_k} \right) \quad \ldots \ldots \ldots \ldots (1)$$

ausdrücken, in der U die Spannung zwischen den kurzgeschlossenen Phasen, I_k den Strom und δ die Relaiskonstante darstellt.

Der Quotient $\frac{U}{I_k}$ ist hier nichts anderes als die Impedanz der
Kurzschlußschleife. Die vorstehende Beziehung kann daher

---

[1]) Erdkurzschluß ist die Durchbrechung der Isolation zwischen
zwei oder drei Polen und Erde an der gleichen Stelle.

auch folgendermaßen ausgedrückt werden:

$$t = \delta \cdot Z \ldots \ldots \ldots \ldots (1a)$$

Da die Impedanz einer Leitung in der Regel je km konstant ist oder sich nur wenig ändert, ist die Arbeitszeit t auch proportional der Leitungslänge, gemessen von der Fehlerstelle bis zum Einbauort der Relais. Deswegen werden die widerstandsabhängigen Relais vielfach auch Distanzrelais genannt.

Wenn die Relais dem Gesetz $t = \delta \cdot Z$ auch genügen, d. h. wenn ihre Arbeitszeit proportional der Impedanz oder, anders

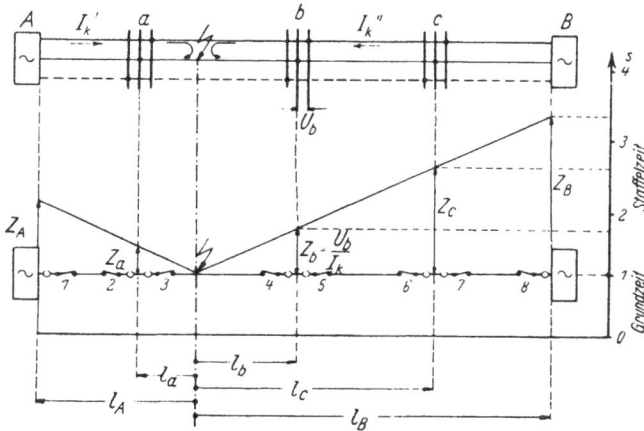

Abb. 2. Prinzipieller Verlauf der Impedanz einer Kurzschlußschleife.

ausgedrückt, proportional der Spannung und umgekehrt proportional dem Strom ist, so läßt sich eine völlige Selektivität in Netzen, wie im Abschnitt 2 unter a, b und c angeführt, aber nur dann erzielen, wenn die Auswahl der Schalter außerdem noch von der Energierichtung bei Kurzschluß abhängig gemacht wird. Dies soll an Hand eines Beispieles nach Abb. 2 noch näher erläutert werden. Hierin bedeuten:

A und B Kraftwerke, a, b und c Unterstationen,

U_A, U_a, U_b, U_c, U_B Spannungen zwischen den kurzgeschlossenen Phasen an den betreffenden Sammelschienen,

I'_k und I''_k Kurzschlußströme,

$Z_{,l}$, Z_a, Z_b, Z_c. Z_n Primärimpedanzen (Leitungsimpedanzen) der einzelnen Kurzschluß-
schleifen, gemessen vom Fehlerort bis
zur Einbaustelle der Relais.

$l_{,l}$, l_a, l_b, l_c, l_n Entfernungen zwischen Fehlerort und
den einzelnen Sammelschienen.

Auf der Leitung zwischen den Unterstationen a und b entstehe
ein zweipoliger Kurzschluß. Der Kurzschlußstrom in der
rechten Kurzschlußschleife sei I''_k, in der linken Kurzschlußschleife I'_k. Material und Querschnitt der Leiter seien überall
gleich. Der Verlauf der Primärimpedanz zu beiden Seiten
der Kurzschlußstelle ergibt sich dann, wie in Abb. 2 aufgezeichnet. Wären Querschnitt und Material der Leiter verschieden, so würde die Impedanz der Kurzschlußschleife nicht
linear, sondern nach einer gebrochenen Linie verlaufen.

Zur selektiven Abschaltung des Kurzschlusses ist es hier
erforderlich, daß die Ölschalter 3 und 4 auslösen. Da jedoch
die Relais der Ölschalter 4 und 5 in der Unterstation b die
gleiche Spannung erhalten und von dem gleichen Strom durch-
flossen werden, also die gleiche Impedanz messen, werden sie
gleichzeitig beide Ölschalter zum Auslösen bringen. Analog
liegen die Verhältnisse in der Station a. Diese Schwierigkeit
behebt man leicht, indem man die Auslösung der Relais noch
von der Energierichtung derart abhängig macht, daß nur diejenigen Relais auslösen können, bei denen die Leistung im
Kurzschlußfalle von den Sammelschienen weggerich-
tet ist. Über die Schalter 2 und 5 fließt die Energie auf die
Sammelschienen zu, dagegen über die Schalter 3 und 4 von
den Sammelschienen weg. Sollte beispielsweise der Schalter 4
durch Versagen der Auslöseeinrichtung nicht abschalten, so
würden die Relais des Ölschalters 6 etwa 0,7 bis 1 s später die
Abtrennung in der Station c veranlassen. Die Relais des Ölschalters 7 würden auch hier sperren, da sie bei dem gegebenen
Kurzschluß die Leistung in Richtung der Sammelschiene zugeführt bekommen.

Auch dieses Beispiel lehrt, daß die Arbeitszeit der Relais
proportional der Impedanz, gemessen vom Fehlerort bis zur
Einbaustelle der Relais, sein muß. Da die widerstandsabhän-

gigen Relais stets an Strom- und Spannungswandler angeschlossen werden, sind sie auf den Strom und die Spannung
auf der Sekundärseite der Netzwandler, und zwar auf den
Quotienten $\frac{u}{i}$, d. h. auf die »Sekundärimpedanz«, abzustim-
men. Näheres hierüber siehe im Abschnitt »Bestimmung der
Sekundärimpedanz«.

Ein widerstandsabhängiges Relais besteht im wesentlichen
aus einem Ansprechglied, einem Ablaufglied und einem
Richtungsglied, die entweder in einem gemeinsamen Gehäuse oder in getrennten Gehäusen untergebracht sein können.
Das Ansprechglied dient lediglich zur sofortigen Ingangsetzung des Ablaufgliedes bei Eintritt von anormalen Betriebsverhältnissen. Es wird entsprechend den verschiedenen Netzverhältnissen als Überstrom-, Unterspannungs- oder
Unterimpedanz-Ansprechglied ausgeführt. Das Ablaufglied, das ganz allgemein einen Quotientenmesser, d. h.
Ohmmeter, darstellt, dient je nach seiner Bauart und Schaltung zur Messung der Impedanz (Scheinwiderstand), der Reaktanz (Blindwiderstand) oder der Resistanz (Wirkwiderstand)
der Kurzschlußschleife. Das Richtungsglied hat die Aufgabe, die Auslösung solcher Relais zu sperren, bei denen im
anormalen Betriebszustand die Energie nach den Sammelschienen hin fließt. Bei einigen widerstandsabhängigen Relais
ist das Richtungsglied im Ablaufglied inbegriffen. Es handelt
sich dabei um Ablaufglieder mit magnetisch gekoppelten Strom-
und Spannungskreisen. Auf die Zweckmäßigkeit der einzelnen
Ansprech- und Ablaufsysteme für bestimmte Betriebsverhältnisse wird weiter unten noch näher eingegangen.

Die Selektivrelais nach dem Widerstandsprinzip schalten
den kranken Netzteil gewöhnlich in 1 bis 3 s selektiv ab, und
zwar unabhängig von der Netzgestaltung, von der Anzahl der
Speisequellen und der Größe des Kurzschlußstromes. Man
braucht auf die widerstandsabhängigen Relais bei Netzände-
rungen durch Betriebsschaltungen keine Rücksicht zu nehmen,
da eine Änderung an der bestehenden Einstellung der Relais
nicht erforderlich ist. Eine Änderung der Zeitkennlinie[1]) bereits

---

[1]) Zeitkennlinie ist die kurvenmäßige Abhängigkeit der Arbeitszeit
eines Relais von den den Ablauf bestimmenden elektrischen Größen.

eingebauter Relais ist bei Erweiterung des Netzes gleichfalls nicht nötig, vorausgesetzt, daß die einzelnen Leitungstrecken nicht durch weitere Unterstationen unterteilt werden.

Die widerstandsabhängigen Relais sind in der Hauptsache als Kurzschlußschutz anzusehen; sie lassen sich jedoch, insbesondere wenn ein Überstrom-Ansprechglied angewendet wird, auch als Schutz gegen betriebsmäßige Überlastungen verwenden. Doppelerdschlüsse lassen sich durch diese Relais ebenfalls selektiv erfassen. Befindet sich ein Doppelerdschluß auf einer Leitung zwischen zwei Nachbarstationen, so wird er von den Relais genau wie ein zweipoliger Kurzschluß abgeschaltet. Dasselbe gilt allgemein auch für Erdkurzschlüsse. Erstreckt sich hingegen ein Doppelerdschluß über mehrere hintereinanderliegende Stationen, so wird gewöhnlich nur der eine Erdschluß abgetrennt, während der andere weiterbestehen bleibt. Vom betriebstechnischen Standpunkt ist dies durchaus richtig; denn würden beide Erdschlüsse abgeschaltet werden, so käme eine Reihe von Stationen für längere Zeit außer Betrieb. Der weiterbestehende Erdschluß kann bis zur Behebung des abgeschalteten durch Erdschluß- löschspulen, wie Petersen-Spule, Bauch-Löschtransformator usw. unschädlich gemacht werden. Über die Strom- und Spannungsverteilung bei Doppelerdschluß sind in dem Buch von Biermanns »Überströme in Hochspannungsanlagen«, Verlag von Julius Springer, auf S. 285 bis 297 ausführliche Unterlagen gebracht[1]). Die widerstandsabhängigen Relais schalten Erdschlüsse nur dann ab, wenn die Erdschlußströme in ihrer Größenordnung ausreichen, um die Relais in Tätigkeit zu setzen.

2. Verwendungsgebiet der Relais.

Die Anwendung der Selektivrelais nach dem Widerstands- prinzip ist sowohl in Kabel- als auch in Freileitungsnetzen, ferner in gemischten Netzen am Platze:

    a) bei Einfachleitungen mit wechselseitiger oder beider- seitiger Speisung,

[1]) Siehe auch O. Mayr, „Einphasiger Erdschluß und Doppel- erdschluß in vermaschten Leitungsnetzen" in „Archiv für Elektro- technik" 1926, Heft 2.

b) bei zwei oder mehreren parallelen Leitungen mit einseitiger, wechselseitiger oder beiderseitiger Speisung.

c) bei Ringleitungen mit einer oder mit mehreren Speisequellen.

Da sich Transformatoren bezüglich ihres Widerstandes wie Leitungen verhalten, gelten für sie die gleichen Gesichtspunkte. Die Generatoren können ebenfalls mittels widerstandsabhängiger Relais gegen Kurzschluß und Überlastung geschützt werden. Doch empfiehlt sich hier, die Richtungsglieder der Relais auf der Sternpunktseite der Generatoren wegzulassen. Näheres hierüber siehe im Abschnitt »Generatorenschutz« auf S. 107.

Für Stichleitungen sind die billigeren Überstromzeitrelais durchaus ausreichend, vgl. auch S. 111. Sind jedoch in einer Stichleitung, die von einem vermaschten Netz mit widerstandsabhängigen Relais abgeht, mehrere Ölschalter mit Relais zu versehen, so empfiehlt es sich, die ersten Schalter gleichfalls mit widerstandsabhängigen Relais auszurüsten. Diese Maßnahme verbürgt kleine Abschaltzeiten und die Selektivität mit dem übrigen Netz. Die Überstromzeitrelais in den Stichleitungen müssen normal so eingestellt werden, daß ihre Arbeitszeit zusätzlich der Arbeitszeit des Ölschalters bei Kurzschluß 1,5 bis 2 s nicht überschreitet; vgl. auch Abschnitt »Abschaltzeit«.

3. Wirkungsweise und Wahl der Ansprechglieder.

Das Ansprechglied eines Relais oder eines Schutzes hat, wie schon im Abschnitt 1 erwähnt, die Aufgabe, das Ablaufglied bei Eintritt von anormalen Betriebsverhältnissen in Tätigkeit zu setzen und dieses nach dem Verschwinden des Fehlerstromes bzw. Überstromes wieder stillzulegen. Es wird als Überstrom-, als Unterspannungs- und als Unterimpedanz-Ansprechglied ausgeführt.

Das Überstrom-Ansprechglied ist ein Weicheisenrelais, das gewöhnlich nach dem Klappanker-, Tauchankeroder Drehankerprinzip gebaut wird. Es ist in der Regel vom 1- bis 2fachen Nennstrom einstellbar und mit einer Stromeinstellskala versehen. Beim Erreichen bzw. Überschreiten des eingestellten Ansprechstromes ziehen die Anker an und bewirken mechanisch oder elektrisch die Ingangsetzung des Ablauf- und Richtungsgliedes. Nach Fortfall der anormalen Betriebsverhältnisse kehren die Anker ohne Verzögerung wieder in ihre Ruhelage zurück. Die Schaltung und die Wirkungsweise

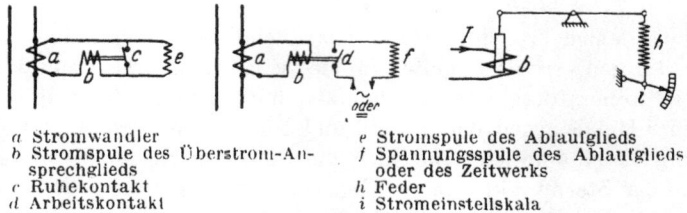

a Stromwandler
b Stromspule des Überstrom-Ansprechglieds
c Ruhekontakt
d Arbeitskontakt

e Stromspule des Ablaufglieds
f Spannungsspule des Ablaufglieds oder des Zeitwerks
h Feder
i Stromeinstellskala

Abb. 3. Prinzipschemata des Überstrom-Ansprechglieds.

gehen aus Abb. 3 hervor. Das Überstrom-Ansprechglied erfüllt seine Aufgabe nicht, wenn der Kurzschlußstrom des zu schützenden Anlageteiles kleiner ist als der eingestellte Ansprechwert des Relais.

Das Unterspannungs-Ansprechglied hat praktisch den gleichen Aufbau wie das Überstrom-Ansprechglied. Nur ist bei ihm der Anker im normalen Betrieb angezogen. Beim Absinken der Spannung unter den eingestellten Ansprechwert geht der Anker zurück und betätigt die betreffenden Schaltstücke. Die Unterspannungs-Ansprechglieder werden gleichfalls einstellbar und mit Skalen geliefert. In Abb. 4 ist links die Schaltung des Unterspannungs-Ansprechgliedes allein, in der Mitte mit einem zusätzlichen Überstrom-Ansprechglied ge-

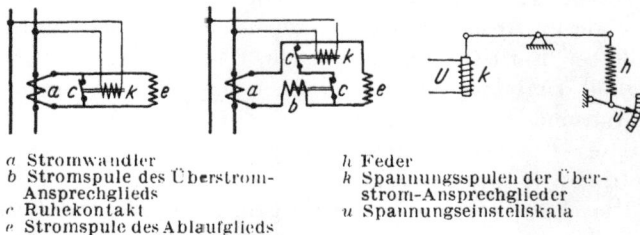

a Stromwandler
b Stromspule des Überstrom-Ansprechglieds
c Ruhekontakt
e Stromspule des Ablaufglieds

h Feder
k Spannungsspulen der Überstrom-Ansprechglieder
u Spannungseinstellskala

Abb. 4. Prinzipschemata des Unterspannungs-Ansprechglieds.

zeichnet. Das Überstrom-Ansprechglied ist mitunter erforderlich, um auch bei Überlastung eine Anregung des Ablaufgliedes zu gewährleisten. Es besorgt ferner die Anregung des Ablaufgliedes, wenn die Spannung zwischen den kurzgeschlossenen

Leitern am Auslöseort höher ist als der eingestellte Wert des Unterspannungs-Ansprechgliedes, denn dann ist der Kurzschlußstrom gewöhnlich höher als der maximale Betriebsstrom. Derartige Spannungswerte ergeben sich bei entsprechend hohen Kurzschlußströmen in Leitungen mit hohem Widerstand.

Das Unterimpedanz-Ansprechglied besteht im Prinzip aus einem Strom- und einem Spannungsmagneten, die gemeinsam auf ein Zwischenglied (Wagebalken, Achse) arbeiten und dadurch das Ablaufglied des widerstandsabhängigen Relais in Tätigkeit setzen. Die Wirkungsweise des Unterimpedanz-Ansprechgliedes läßt sich sehr einfach an Hand der bekannten Ausführung nach dem Wagebalkenprinzip (vgl. Abb. 5)

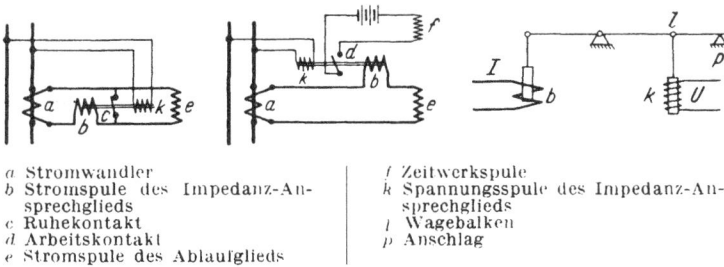

a Stromwandler	f Zeitwerkspule
b Stromspule des Impedanz-Ansprechglieds	k Spannungsspule des Impedanz-Ansprechglieds
c Ruhekontakt	l Wagebalken
d Arbeitskontakt	p Anschlag
e Stromspule des Ablaufglieds	

Abb. 5 Prinzipschemata des Unterimpedanz-Ansprechglieds.

erklären. Im normalen Betrieb überwiegt der Einfluß der Spannungspule *k*, und der Wagebalken ruht auf dem Anschlag *p*. Bricht die Betriebsspannung infolge einer Netzstörung zusammen, so erfährt der Einfluß der Spannungspule eine Einbuße. Die Folge ist, daß der Kraftfluß der Stromspule *b*, der meistens noch durch den Kurzschlußstrom gesteigert wird, Übergewicht erhält und den Wagebalken zum Kippen bringt, wodurch die Betätigung des Ablaufgliedes herbeigeführt wird. Bei genügend hohem Strom, von etwa dem 1,6- bis 2,5fachen Nennstrom aufwärts, spricht das Ansprechglied auch bei nicht zurückgegangener Spannung an. Dies ist erwünscht, um bei Kurzschlußschleifen mit großer Impedanz sowie bei grober Überlastung eine Auslösung zu erhalten. Bei wichtigen Doppelleitungen wird man mit Rücksicht auf den möglichen Ausfall

einer Leitung das Ansprechen der Relais bei voller Betriebsspannung erst über dem 2fachen Nennstrom zulassen. In
Abb. 6 sind unter a) die Ansprech-, unter b) die Abfallkennlinien aufgezeichnet, die das Verhalten des Ansprechgliedes bei

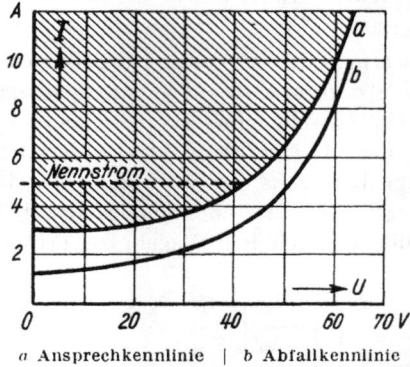

a Ansprechkennlinie | b Abfallkennlinie

Abb. 6. Ansprech- und Abfallkennlinien $I = f (U)$ des Unterimpedanz-
Ansprechglieds einer der bekanntesten Ausführungen.

verschiedenen Strömen und Spannungen wiedergeben. Der
Verlauf der Kennlinien kann durch einfache Maßnahmen, wie
Vorschalten einer Drosselspule vor die Spannungspule, in
weiten Grenzen geändert werden.

Die Strom- und Spannungspulen des Unterimpedanz-Ansprechgliedes überwachen durch ihr Zusammenwirken eigentlich nichts anderes als das jeweilige Verhältnis der Betriebsspannung zum Betriebsstrom, d. h. die Betriebsimpedanz.
Ist die Betriebsspannung 80000 V, so beträgt die Betriebsimpedanz

$$\text{bei } 200 \text{ A} \ldots \ldots Z_n = \frac{U}{I_n} = \frac{80000}{200} = 400 \text{ Ohm.}$$

$$\text{bei } 400 \text{ A} \ldots \ldots Z_n = \frac{80000}{400} = 200 \text{ Ohm,}$$

$$\text{bei } 800 \text{ A} \ldots \ldots Z_n = \frac{80000}{800} = 100 \text{ Ohm.}$$

Die Kennlinie der Betriebsimpedanz ist, wie aus dem Beispiel
hervorgeht, eine gleichseitige Hyperbel, deren Asymptoten sich
mit den Achsen des rechtwinkligen Koordinatensystems decken
(vgl. Abb. 7). Als Kriterium für den Eintritt von anormalen

Netzverhältnissen gilt bei dieser Betrachtungsart der Zusammenbruch der Betriebsimpedanz auf die Kurzschlußimpedanz, die bei sattem Kurzschluß mit der Leitungsimpedanz identisch ist. Die Kurzschlußimpedanz einer Schleife kann jedoch in

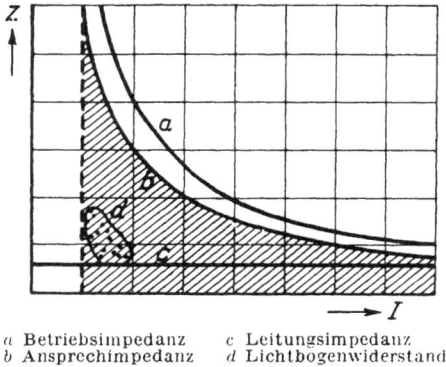

a Betriebsimpedanz   c Leitungsimpedanz
b Ansprechimpedanz   d Lichtbogenwiderstand

Abb. 7. Kennlinien $Z = f(I)$ für Unterimpedanz-Ansprechglieder.

Höchstspannung-Freileitungsnetzen bei schwacher Netzbelastung und entsprechend kleinem Maschineneinsatz infolge des Lichtbogenwiderstandes und des Übergangswiderstandes bei Erdkurzschluß stark von der Leitungsimpedanz abweichen. Aus diesem Grunde legt man die Unterimpedanz-Ansprechglieder so aus, daß ihre Ansprechkennlinien sich dem Verlauf der Kennlinien der Betriebsimpedanz in einem gewissen Abstand anpassen und über den Impedanzwerten liegen, die bei Lichtbogen- und Erdkurzschlüssen auftreten.

Die Spannungspulen der Unterimpedanz-Ansprechglieder werden meistens zu einem System in Stern geschaltet, ohne daß dessen Nullpunkt mit dem Sternpunkt des Spannungswandlers verbunden wird. Würde man diese Sternpunkte verbinden, so könnten die Ansprechglieder bei Erdschluß infolge des Zusammenbruchs der Spannung gegen Erde die Ablaufglieder in Tätigkeit setzen und dadurch die Auslösung veranlassen.

Unterreaktanz-Ansprechglieder werden nicht ausgeführt, da die Größe der Betriebsreaktanz nicht nur von der Betriebsspannung und dem Betriebsstrom, sondern in starkem Maße auch von dem jeweiligen Betriebs-$\cos \varphi$ beeinflußt wird. Die Betriebsreaktanz ergibt deshalb keine Kennlinie, sondern eine Fläche; aus diesem Grunde ist sie als Ausgangsmerkmal nicht geeignet.

Für die Wahl des Ansprechgliedes müssen die Netzverhältnisse, insbesondere der maximale Betriebsstrom I_{Bmax} und der minimale Kurzschlußstrom I_{kmin} der zu schützenden Anlageteile bekannt sein. Den minimalen Kurzschlußstrom ermittelt man für eine Stelle des Netzes, die die größte Impedanz bis zur Speisequelle aufweist, und zwar unter Voraussetzung des geringsten Maschineneinsatzes. Die Angabe über den maximalen Betriebsstrom erhält man gewöhnlich von der Betriebsleitung der betreffenden Anlage.

Ist in den Anlageteilen eines Netzes das Verhältnis

$$\frac{I_{kmin}}{I_{Bmax}} > 1 \qquad \ldots \ldots \ldots \ldots \quad (2)$$

so wird man dem Überstrom-Ansprechglied den Vorzug geben, da es einfacher ist und auch bei betriebsmäßiger, d. h. geringer Überlastung je nach der Einstellung das Ablaufglied in Tätigkeit setzt.

Ist dagegen das Verhältnis

$$\frac{I_{kmin}}{I_{Bmax}} < 1 \qquad \ldots \ldots \ldots \ldots \quad (3)$$

so sind die Ansprechglieder nach dem Unterimpedanz- oder dem Unterspannungsprinzip am Platze. In Kabel- und Freileitungsnetzen bis zu 30 kV sind die Kurzschlußströme fast immer größer als der maximale Betriebsstrom, so daß hier das einfachere Ansprechglied nach dem Überstromprinzip vorzuziehen ist. Dem Überstrom-Ansprechglied wird man in Kabelnetzen aus Gründen der thermischen Sicherheit den Vorzug geben, da es ja auch auf betriebsmäßige Überlastungen reagiert.

Für die Arbeitsweise der Ansprechglieder ist ihr Halteverhältnis von Bedeutung. Unter Halteverhältnis versteht man den Quotienten aus Ansprechwert A und Abfallwert B des Ansprechgliedes bei einer bestimmten Einstellung:

$$\mu = \frac{A}{B} > 1 \qquad \ldots \ldots \ldots \ldots \quad (4)$$

Das Halteverhältnis μ beträgt bei den üblichen Überstrom-Ansprechgliedern 1,05 bis 1,25. Das kleinere Halteverhältnis

trifft für tiefe, das größere für höhere Stromeinstellwerte zu.
Beim Unterimpedanz-Ansprechglied liegen die Verhältnisse
anders. Während beim Überstrom-Ansprechglied das Halteverhältnis bei allen Stromeinstellungen möglichst gering sein
soll, braucht dieses beim Unterimpedanz-Ansprechglied nur
bei hohen Strömen und bei voller Betriebsspannung kleine
Werte aufzuweisen. Bei den Unterspannungs-Ansprechgliedern
ergibt sich das Halteverhältnis sinngemäß. Auch hier wird
man, wie beim Überstrom-Ansprechglied, bei allen Einstell-
werten kleine Halte- bzw. Rückgangsverhältnisse verlangen.

4. Wirkungsweise der Ablaufglieder und Wahl der Schutzart
(Impedanz-, Reaktanz- oder Resistanzschutz).

Das Ablaufglied eines Relais oder eines Schutzes nach
dem Widerstandsprinzip ist derjenige Teil, der die Ablaufzeit
des Systems bestimmt. Wie schon eingangs erwähnt, kann die
Ablaufzeit des Ablaufgliedes je nach der Art der Ausführung
von der Impedanz, von der Reaktanz oder von der Resistanz der Kurzschlußschleife abhängig gemacht werden.

Das Impedanz-Ablaufglied wird von mehreren Firmen
in stark voneinander abweichender Bauart[1]) ausgeführt. Es
ist als erstes auf den Markt gekommen und hat die weiteste
Verbreitung gefunden. Das Zusammenwirken der Strom- und
Spannungselemente erfolgt bei einigen Ausführungen der Ablaufglieder mechanisch mittels Hebelübertragung, bei anderen
Ausführungen induktiv, derart, daß zur Regelung der Ablaufzeit der Scheinwiderstand der Kurzschlußschleife zur Wirkung
kommt. Die Gleichung für die Ablaufzeit in Abhängigkeit
des Scheinwiderstandes lautet:

$$t = \delta \cdot \frac{u}{i} = \delta \cdot z_2 \quad \dots \dots \dots \quad (5)$$

Hierin bedeuten:

t Ablaufzeit in Sekunden,
δ Relaiskonstante,
u Sekundärspannung in V,
i Sekundärstrom in A,
z_2 Sekundärimpedanz in Ω.

---

[1]) Siehe die Sonderhefte der Herstellerfirmen.

Siehe auch die Formel (15). Die vorstehende Beziehung trifft nur für reine Impedanz-Ablaufglieder zu. Es gibt Ablaufglieder, bei denen der Phasenwinkel zwischen Kurzschlußstrom und Kurzschlußspannung die Ablaufzeit in geringem Maße beeinflußt. Diese Ablaufglieder kommen in ihrer Wirkung den Impedanz-Ablaufgliedern am nächsten und werden daher auch zu dieser Gruppe gezählt.

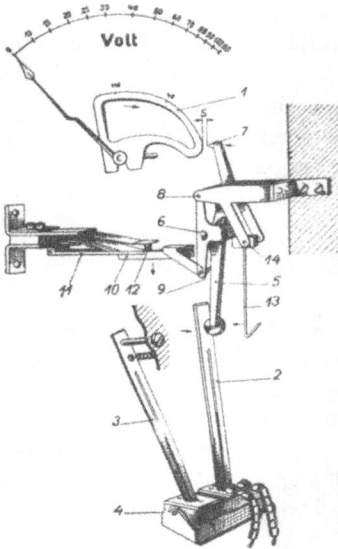

Zur näheren Erläuterung der Arbeitsweise des Impedanz-Ablaufgliedes sei nachstehend die Kinematik eines der bekanntesten Impedanzrelais gezeigt, vgl. Abb. 8. Das Zusammenarbeiten der Strom-, Spannungs- und Richtungselemente erfolgt hier auf rein mechanischem Wege. Es bedeutet *1* die auf der Achse des Voltmeters sitzende Kurvenscheibe, *2* den vom Strom durchflossenen Bimetallstreifen, *3* einen nahezu gleichen Streifen zur Temperaturkompensation. Das Stromelement ist drehbar um die Achse *4* angeordnet. Bei Stromdurchgang bewegt sich der Streifen *2* in Richtung des Pfeiles und dreht zunächst den Doppelarmhebel *5* um die Achse *6*. Dieser Vorgang dauert so lange, bis das Prisma *7* auf die Kurvenscheibe *1* auftrifft. Von diesem Moment ab dreht sich das ganze System *5* um die Achse *8*, wodurch die Klinke *10* von der Rolle *9* abgleitet und der Kontakt *11, 12* sich öffnet bzw. schließt. Die Verriegelung der Auslösung erfolgt durch ein einpoliges Richtungsglied, vgl. Abb. 9, welches mit einer Gabel in den Hebel *13* eingreift und den Verblocker *14* gegen den Rücken des Auslösehebels *5* bewegt. Ist die Energie von der Sammelschiene weggerichtet, so wird der Hebel *13* mit dem Verblocker in entgegengesetzter Richtung gedreht. Bei Span-

Abb. 8. Impedanz-Ablaufglied eines ausgeführten Distanzrelais.

nung $0\,V$ befindet sich das Richtungsglied mit dem Verblocker in der neutralen Lage, in welcher die Auslösung frei-
gegeben ist. Durch entsprechende Formgebung der Kurvenscheibe 1 kann die Charakteristik des
Relais in weitem Umfange geändert
werden. Das Stromelement hat bei
direkter Strombeschickung eine qua-
dratische Charakteristik. Diese wird
dadurch kompensiert, daß der Bimetallstreifen über einen kleinen
Stromwandler mit verhältnismäßig
großer Sättigung und Streuung
gespeist wird.

Das Reaktanz-Ablaufglied
wird erst seit einem Jahr, und zwar
nach dem Kreuzeisen-, Dynamo-

Abb. 9. Elektrodynamisches
Richtungsglied.

meter- und Induktionsprinzip ausgeführt. Es benutzt als wählendes Merkmal für die Ablaufzeit die Blindkomponente des
Widerstandes der Kurzschlußschleife. Seine Zeitgleichung hat
dementsprechend den Ausdruck:

$$t = \delta \cdot \frac{u}{i} \cdot \sin \varphi = \delta \cdot x_2 \quad . \quad . \quad . \quad . \quad . \quad (6)$$

Das Ablaufglied besteht im Prinzip aus einem Reaktanzmesser und einem Zeitwerk, die durch das Ansprechglied an-
geregt werden. Der Reaktanzmesser stellt sich nach erfolgter
Erregung seiner Strom- und Spannungsspulen auf den jeweiligen Wert des Blindwiderstandes der zu messenden Leitung-
stromschleife ein, während das Zeitwerk mit konstanter Ge-
schwindigkeit sein Übertragungsglied (Hebel, Schaltstück) dem
Gegenglied (kurvenförmige Scheibe, Schaltstück) des Reak-
tanzmessers nähert. Bei Berührung dieser erfolgt mittelbar
oder unmittelbar das Schließen des Auslösekreises, vgl.
Abb. 10.

Resistanz-Ablaufglieder werden nur von einer Firma
auf den Markt gebracht. Bei ihnen kommt als wählendes Merkmal für die Ablaufzeit die Wirkkomponente des Widerstandes
der Kurzschlußschleife in Frage. Für sie lautet die Zeitglei-

chung in Abhängigkeit des Wirkwiderstandes:

$$t = \delta \cdot \frac{u}{i} \cdot \cos q = \delta \cdot r_2 \quad . \quad . \quad . \quad . \quad . \quad . \quad (7)$$

Das Prinzipschema Abb. 10 hat auch für das Resistanz-Ansprechglied Gültigkeit, nur kommt an Stelle des Reaktanz-messers ein Resistanzmesser in Betracht.

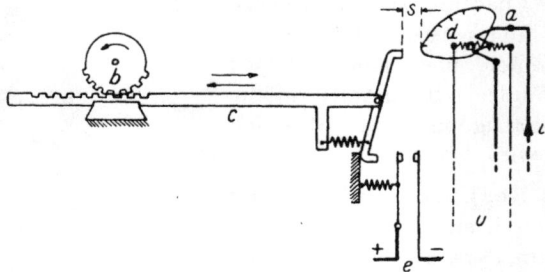

a Reaktanzmesser   d Kurvenscheibe
b Zeitwerk   e Arbeitskontakt im Auslösekreis
c Hebel   s Luftspalt

Abb. 10. Prinzipschema eines Reaktanz-Ablaufglieds.

Die widerstandsabhängigen Relais werden in der Praxis, je nachdem welche Komponente des Widerstandes der Stromschleife bei den Ablaufgliedern zur Wirkung kommt, kurz Impedanzrelais, Reaktanzrelais und Resistanzrelais genannt. Häufig wird für alle drei Arten auch die Bezeichnung Distanzrelais benutzt.

Langjährige Erfahrungen zeigen, daß man mit den Impedanzrelais praktisch in allen Fällen, auch bei den schwierigsten Verhältnissen, mit gutem Erfolg zurechtkommt. Sie sind einfach aufgebaut und besitzen übersichtliche Innen- und Außenschaltungen. Sie lassen sich sowohl in Kabel- als auch in Freileitungsnetzen, ferner in gemischten Netzen, d. h. in Netzen mit galvanisch verbundenen Kabeln und Freileitungen, ohne weiteres verwenden. Da ihre Arbeitsweise und Ablaufzeit vom Phasenwinkel zwischen Kurzschlußstrom und Kurzschlußspannung unabhängig oder nur wenig abhängig sind, arbeiten sie auch einwandfrei, wenn in Kabel und Freileitungen Kurzschlußdrosselspulen, also konzentrierte Induk-

tivitäten, nachträglich eingebaut werden. Geringe Schwierigkeiten bieten sich nur, wenn die Scheinwiderstände der Strecken-
kurzschlußschleifen, für die die Impedanzrelais ausgelegt sind,
durch Lichtbogen- und Erdübergangswiderstände übermäßig
erhöht werden. Die Widerstände des Kurzschlußlichtbogens
sowie des Erdüberganges bei Erdkurzschluß[1]) vergrößern die
Impedanz der wirksamen Kurzschlußschleife und somit auch
die Auslösezeit der Relais. Diese zusätzlichen Widerstände
erscheinen nämlich in der Impedanz als additives Glied zur
Ohmschen Komponente. In Netzen mit Betriebsspannungen
über 50 kV und mit Kurzschlußströmen unter 100 A dürfte
es daher unter Umständen empfehlenswert sein[2]), an Stelle der
Impedanzrelais Reaktanzrelais einzubauen, bei denen eben
nur der induktive Widerstand zur Geltung kommt. Die Reaktanzrelais zeigen den ungefähren Fehlerort bei Schwachlast-
Lichtbogenkurzschlüssen dann genauer als die Impedanzrelais an.

Die Reaktanzrelais haben nur einen beschränkten Verwendungsbereich. In Kabelnetzen lassen sie sich wegen der
verschwindend geringen Reaktanz nicht verwenden. In Netzen
mit galvanisch verbundenen Kabeln und Freileitungen ist ihre
Verwendung noch weniger am Platze, denn hier macht sich
außer der niedrigen Reaktanz der Kabel noch das Größenver-
hältnis der induktiven Widerstände zwischen Kabeln und Freileitungen sehr ungünstig bemerkbar. Dazu sind in der Regel
die Kabelstrecken kürzer als die Freileitungsstrecken. In solchen Fällen lassen sich ausreichende Zeitstaffelungen von Schalter zu Schalter mitunter überhaupt nicht erzielen. Die Reaktanzrelais eignen sich somit nur für reine Freileitungsnetze.
Der Bedarf für derartige Relais hat sich in Höchst-
spannungs-Freileitungsnetzen mit kleinen Ma-
schineneinsätzen ergeben, bei denen bekanntlich kleine
Kurzschlußströme und folglich hohe Lichtbogenwiderstände
auftreten. Zum Schutze solcher Netze wurden sie ursprüng-
lich auch entwickelt.

Bezüglich der Reaktanzrelais ist auch folgende Beurteilung
nicht ganz von der Hand zu weisen. Der Lichtbogenwiderstand

---

[1]) Erdkurzschlüsse kommen äußerst selten vor.
[2]) Siehe Abschnitt „Lichtbogenwiderstand bei Kurzschluß‘‘.

weist bekanntlich, selbst in 100-kV-Netzen, kleine Werte auf, wenn deren Maschineneinsatz so groß ist, daß er dem Lichtbogen einen Kurzschlußstrom von etwa 200 A zuführen kann (vgl. Zahlentafel IV auf S. 78). Nun bessert sich allgemein das Verhältnis des geringsten Maschineneinsatzes zum größten Maschineneinsatz in den Netzen von Jahr zu Jahr. Ein klassisches Beispiel ist hierfür das 100-kV-Netz der Bayernwerke A.-G., bei dem in wenigen Jahren das Verhältnis von 1:7 auf 1:4 gestiegen ist. Man sagt, daß Höchstspannungsnetze mit schlechtem Maschineneinsatzverhältnis noch nicht fertig ausgebaute Netze sind und daß es daher doch zweckmäßiger wäre, an Stelle des komplizierten Reaktanzschutzes einen einfachen Impedanzschutz zu verwenden, der bis zum Ausbau der Netze infolge des Lichtbogenwiderstandes etwas längere Auslösezeiten aufweist. Selbstverständlich dürfen in solchen Fällen nicht Impedanzrelais mit stark stromabhängigen Zeitkennlinien zur Anwendung kommen.

Resistanzrelais werden, soweit der Verfasser unterrichtet ist, bisher nur von einer Firma hergestellt. Ihr Verwendungsbereich ist gleichfalls sehr beschränkt, da ihre Ablaufzeit, wenn man von der Grundzeit absieht, lediglich von der Größe des Ohmschen Widerstandes abhängig ist. Bedenkt man, daß der Ohmsche Widerstand der einzelnen Anlageteile eines Netzes, wie Freileitungen, Kabel, Transformatoren, Kabel mit Reaktanzspulen, in der Größenanordnung sehr verschieden ist, ferner daß der Lichtbogen- und der Erdübergangswiderstand den Widerstand der Kurzschlußschleifen algebraisch vergrößern und dadurch erheblich längere Abschaltzeiten verursachen, so kann man wohl annehmen, daß die Resistanzrelais schwer in den Netzen Eingang finden werden.

5. Bestimmung der Sekundärimpedanz.

Zur Festlegung der Zeitkennlinien der widerstandsabhängigen Relais ermittelt man die Primärimpedanz (Leitungsscheinwiderstand) und die Sekundärimpedanz (Leitungsscheinwiderstand, auf der Sekundärseite über Wandler gemessen) je Phase für jede zu schützende Leitungsstrecke bzw. für jeden zu schützenden Transformator und Generator und trägt diese zweckmäßig in den Netzplan, entsprechend der Abb. 57 ein. Während die Primärimpedanz eine für die Leitung charakteristische konstante Größe (physikalische Größe) ist, ist die Sekundärimpedanz nur eine Rechnungsgröße, eine scheinbare Impedanz, die sich durch die Primärimpedanz und das Übersetzungsverhältnis der Strom- und Spannungswandler ausdrücken und wie folgt ableiten läßt:

$$\left.\begin{array}{l} \ddot{u}_u = \dfrac{U}{u} = \dfrac{U/\sqrt{3}\,^{1)}}{u/\sqrt{3}}, \quad \ddot{u}_i = \dfrac{I}{i}\,; \\[2mm] \dfrac{u}{\sqrt{3}} = \dfrac{U/\sqrt{3}}{\ddot{u}_u}, \quad i = \dfrac{I}{\ddot{u}_i}\,; \\[2mm] \dfrac{u}{\sqrt{3}\cdot i} = \dfrac{U}{\sqrt{3}\cdot I}\cdot\dfrac{\ddot{u}_i}{\ddot{u}_u}\,; \\[2mm] z_2 = z_1\cdot\dfrac{\ddot{u}_i}{\ddot{u}_u}\,. \end{array}\right\} \quad\ldots\ldots (8)$$

In diesen Gleichungen bedeuten:

U Primärspannung in V, verkettet,
u Sekundärspannung in V, verkettet,
I Primärstrom in A,
i Sekundärstrom in A,
z_1 Primärimpedanz in Ω je Phase,
z_2 Sekundärimpedanz in Ω je Phase,
$\ddot{u}_u$ Übersetzungsverhältnis der Spannungswandler,
$\ddot{u}_i$ Übersetzungsverhältnis der Stromwandler.

Aus der letzten Beziehung geht hervor, daß die Sekundärimpedanz der Primärimpedanz und der Verhältniszahl $\dfrac{\ddot{u}_i}{\ddot{u}_u}$ proportional ist. Bei Relais, die an die verkettete Spannung gelegt sind, ist die Impedanz der Kurzschlußschleife in die Rechnung einzusetzen, die bei zweipoligem Kurzschluß das 2fache, bei dreipoligem das $\sqrt{3}$fache der Impedanz je Phase beträgt. Die für die Auslösezeit maßgebende Sekundärimpedanz einer Kurzschlußschleife ist demnach:

bei zweipoligem Kurzschluß

$$z_2^{II} = 2\cdot z_1\cdot\dfrac{\ddot{u}_i}{\ddot{u}_u}, \quad\ldots\ldots\ldots (9)$$

[1] Der Faktor $\sqrt{3}$ wird eingeführt, um die Impedanz je Phase zu erhalten.

bei dreipoligem Kurzschluß

$$z_2^{\mathrm{III}} = \sqrt{3} \cdot z_1 \cdot \frac{\ddot{u}_i}{\ddot{u}_u} \quad \ldots \ldots \ldots \quad (10)$$

Hierin bedeutet z_1 die Primärimpedanz eines Anlageteiles, beispielsweise einer Leitungsstrecke, je Phase in Ohm, die sich aus der Gleichung

$$z_1 = \sqrt{r^2 + x^2} \quad \ldots \ldots \ldots \quad (11)$$

ergibt, wobei r den Ohmschen und x den induktiven Widerstand in Ohm je Phase darstellt.

Sind die Relais an die Phasenspannung angeschlossen, so ergibt sich die wirksame Sekundärimpedanz bei zwei- und dreipoligem Kurzschluß gleichfalls aus den vorstehenden Formeln, weil die Relais im Moment des Auftretens eines derartigen Kurzschlusses sich selbsttätig gegenseitig an die verkettete Spannung schalten[1]). Ist der Nullpunkt des Netzes kurz geerdet, so gilt zur Bestimmung der Sekundärimpedanz

bei einpoligem Kurzschluß

$$z_2^{\mathrm{I}} = z_0 \cdot \frac{\ddot{u}_i}{\ddot{u}_u}, \quad \ldots \ldots \ldots \quad (12)$$

worin z_0 die Impedanz der Schleife Draht-Erde bedeutet. Die Reaktanz einer solchen Schleife kann aus der Kurventafel Abb. 46 ermittelt werden. Der Ohmsche Widerstand der Erde

$$r_e = \omega \cdot \frac{\pi}{2} \cdot 10^{-4} \, \Omega/\mathrm{km} \quad \ldots \ldots \ldots \quad (13)$$

ist mit etwa 0,05 Ω/km bei 50 Hz einzusetzen[2]), während der Ohmsche Widerstand des Drahtes sich nach der bekannten Formel in Abschnitt 8, Kapitel D errechnen läßt. Hierzu tritt noch der Übergangswiderstand an der Schlußstelle; dieser beträgt je nach der Güte des Überganges 10 bis 200 Ω.

Der Faktor $\frac{\ddot{u}_i}{\ddot{u}_u}$ ist in der Kurventafel Abb. 11 als Funktion des Übersetzungsverhältnisses der Stromwandler für konstante

---

[1]) Siehe Abschnitt „Zwei- und dreipolige Ausrüstung".
[2]) Vgl. H. Buchholz „Untersuchungen über die Wärmeverluste, die magnetische Energie und das Induktionsgesetz bei Mehrfachleitersystemen unter Berücksichtigung des Einflusses der Erde", „Archiv für Elektrotechnik" 1928, Heft 2.

Spannungswandler-Übersetzungsverhältnisse aufgetragen. Ist die sekundäre Nennspannung 100 V statt 110 V, so müssen die Kurvenwerte mit dem Faktor 0,91 multipliziert werden.

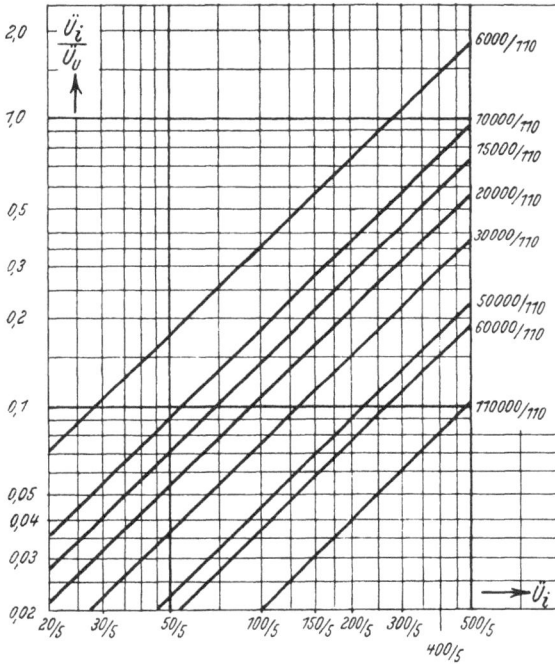

Abb. 11. Kennlinien für die Verhältniszahl $\frac{\ddot{u}_i}{\ddot{u}_u}$ zur Bestimmung der Sekundärimpedanz.

Eine andere rein zahlenmäßige Bestimmung der Sekundärimpedanz ist noch im Kapitel F auf S. 93 gegeben.

6. Zeitkennlinien.

Mit Rücksicht auf die Arbeitszeit der Ölschalter, die im Mittel 0,2 bis 0,3 s beträgt, und auf die Streuung[1]) der widerstandsabhängigen Relais in der Arbeitszeit, etwa ± 0,1 s, ist

---

[1]) Streuung ist die Abweichung der tatsächlichen Arbeitszeit eines Relais vom Sollwert.

es im allgemeinen empfehlenswert, die Staffelzeit von Schalter zu Schalter nicht unter 0,7 s zu legen. (Auf die Arbeitszeiten der Relais und der Ölschalter, die zusammen die Abschaltzeit ergeben, wird im folgenden Abschnitt noch näher eingegangen). In der Praxis wird die Staffelzeit gewöhnlich mit einer Sekunde festgelegt. Ist das Verhältnis der Sekundärimpedanzen der Leitungsstrecken eines Ringnetzes kleiner als 1:2, so wird man, um niedrige und annähernd gleiche Abschaltzeiten zu erhalten, zwei oder mehrere Charakteristiken nehmen, derart, daß man für die kurzen Leitungen Relais mit steileren Zeitkennlinien vorsieht. Es ist Aufgabe des projektierenden Ingenieurs, den Relais die erforderliche Charakteristik zu geben,

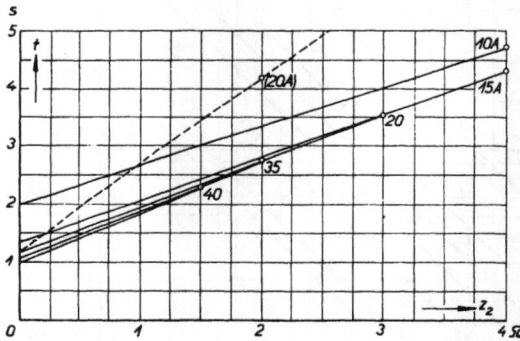

Abb. 12. Zeitkennlinien eines Impedanzrelais der Dr. Paul Meyer A.-G.

was durch entsprechende Bemessung der Wicklungen und durch die Einstellung der Regulierelemente immer leicht möglich ist. Die Relais können natürlich auch im Betrieb auf andere Zeitkennlinien umgestellt bzw. umgeeicht werden.

Im Kurvenblatt Abb. 12 sind die Zeitkennlinien eines Impedanzrelais aufgetragen. Die Zeitzunahme beträgt bei der dargestellten Charakteristik 0,75 s/Ω sekundärer Impedanz, bezogen auf 20 A. Die gestrichelte Linie stellt eine andere Charakteristik desselben Relais dar, bei der, von der gleichen Grundzeit ausgehend, die Zeitzunahme das Doppelte, 1,5 s/Ω, beträgt. Unter Grundzeit versteht man die Arbeitszeit des Relais bei $z_2 = 0$ bzw. $u = 0$. Durch Änderung der Grundzeit einzelner Relais läßt sich unter Umständen die Selektivität

eines Netzes verbessern. Abb. 13 zeigt die Zeitkennlinien eines
anderen Impedanzrelais. Um die Arbeitszeiten der Relais möglichst klein zu halten, empfiehlt es sich, ihre Grundzeiten in
den Grenzen von 0,5 bis 1,5 s festzulegen. Mit Rücksicht auf
den Kurzschlußstrom ist es oft ratsam, die Grundzeit nicht
unter 0,5 s zu legen, da sonst die abzuschaltende Leistung unter
Umständen von dem Ölschalter nicht bewältigt werden kann.

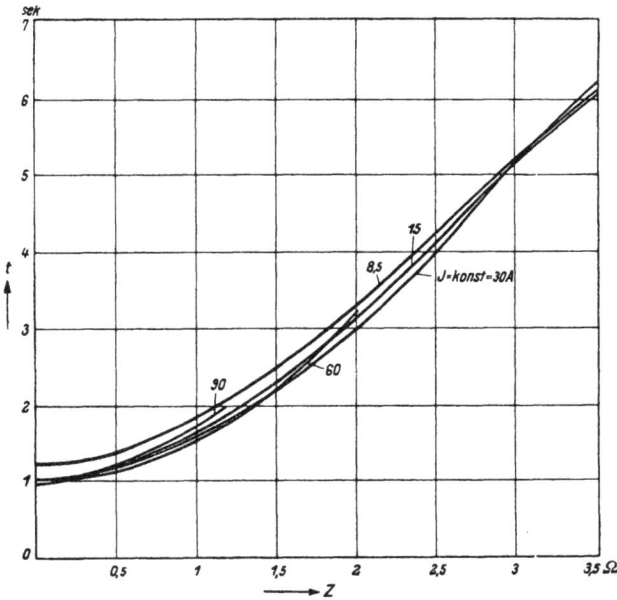

Abb. 13. Zeitkennlinien eines Impedanzrelais der Siemens & Halske A.-G.

Die Neigung der Zeitkennlinien für eine bestimmte Leitungsstrecke ermittelt man leicht, wenn man die gewünschte
Staffelzeit von Schalter zu Schalter t_1 durch die Sekundärimpedanz z_2 der Kurzschlußschleife, ebenfalls von Schalter zu
Schalter gerechnet, dividiert. Bei dreipoligem Kurzschluß ist:

$$tg\,\alpha = \frac{t_1}{z_2^{III}} \quad \ldots \ldots \ldots \quad (14)$$

In Abb. 14 sind die Werte dieser Beziehung graphisch dargestellt. Bei zweipoligem Kurzschluß ist die Sekundärimpedanz

der Kurzschlußschleife um rd. 16% größer als bei dreipoligem, und somit bei gleicher Neigung der Kennlinien auch die Staffelzeit von Schalter zu Schalter.

In der vorstehenden Gleichung bedeutet tg α auch die Zeitzunahme je Ω sekundärer Impedanz. In diesem Sinne wird tg α in der nachstehenden Formel für die Arbeitszeit der Impedanzrelais:

$$t = t_0 + tg\,\alpha \cdot z_2 = t_0 + \delta \cdot z_2 \quad \ldots \quad \ldots \quad (15)$$

angewendet, in der

   t die Arbeitszeit eines Relais,

   t_0 die Grundzeit eines Relais,

   δ die Zeitzunahme je Ω sekundärer Impedanz,

   z_2 die Sekundärimpedanz einer beliebigen Kurz-schlußschleife,

   $\delta \cdot z_2$ die widerstandsabhängige Zeit

bedeuten.

Die Gleichung für die Arbeitszeit der Reaktanzrelais lautet sinngemäß:

$$t = t_0 + tg\,\alpha \cdot x_2 = t_0 + \delta \cdot x_2, \quad \ldots \quad \ldots \quad (16)$$

worin x_2 die Sekundärreaktanz bedeutet.

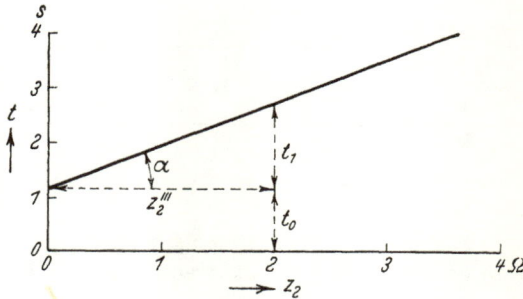

Abb. 14.

Bei den Distanzrelais der AEG, BBC und von S & H ist die Grundzeit t_0 praktisch konstant. Bei den Relais der Dr. Paul Meyer A.-G. und der Westinghouse Co. ist diese in gewissen Grenzen von der Stromstärke abhängig. Es sei hier betont, daß die stromabhängige Grundzeit bei mehrfach parallelen Leitungen und bei vermaschten Netzen die Selektivität günstig beeinflußt.

Bei engvermaschten Netzen genügt im allgemeinen trotz stark voneinander abweichender Leitungsstrecken eine Charakteristik, weil in den gesunden Leitungsstrecken nur je ein Teil des Kurzschlußstromes fließt und die Sekundärimpedanzen sich infolge ihrer umgekehrten Proportionalität zu den Strömen entsprechend erhöhen. Je mehr ein Netz vermascht ist, desto größer sind die Unterschiede zwischen den Sekundärimpedanzen der kranken und gesunden Leitungsstrecken und damit auch die Staffelzeiten.

Neuerdings werden die Reaktanzrelais von einigen Firmen dahin modifiziert, daß die Ablaufzeiten nicht kontinuierlich mit der Zunahme der Reaktanz in der Kurzschlußschleife, sondern treppenweise anwachsen. Man erzielt dadurch kürzere Arbeitszeiten. Die Relais bzw. die Schutzeinrichtungen fallen jedoch sehr kompliziert aus[1]).

7. Abschaltzeit.

In letzter Zeit werden die Wünsche der Elektrizitätswerke nach kurzen Abschaltzeiten, möglichst nur bis zu 2 s, immer häufiger. Man will damit in der Hauptsache das Außertrittfallen der Generatoren, Umformer, Motoren u. dgl. vermeiden. In vielen Netzen lassen sich mitunter durch widerstandsabhängige Relais derartig kurze Zeiten erreichen. Doch sind leider für die Abschaltzeiten nicht allein die Relais maßgebend. Von Einfluß auf die Abschaltzeiten sind auch die Arbeitszeit der Ölschalter, die Lage und die Art der Fehler.

Die Arbeitszeit der Relais setzt sich im wesentlichen aus der Ansprech- und der Ablaufzeit zusammen. Die Ansprechzeit des Ansprechgliedes eines Distanz- oder Überstromzeitrelais kann, wie Messungen zeigen, 1 bis 20 Halbperioden bei 50 Hz dauern. Sie beträgt z. B. bei einem der bekanntesten Überstrom-Ansprechglieder nach dem Tauchankerprinzip

[1]) Siehe: Poleck und Sorge „Zeitstufenschutz für Hochspannungsfreileitungen", „Siemens-Zeitschrift", Heft 12, 1928.
Puppikofer „Das Minimalimpedanzrelais von Oerlikon". „Bulletin des Schweizer Elektrotechn. Vereins", Nr. 9, 1929.

bei 40 A 1,5 Halbperioden,
» 8 » 4 Halbperioden,
» 6 » etwa 20 Halbperioden.

Der letzte Wert entspricht 0,2 s.

Die Ablaufzeit des Ablaufgliedes eines Distanzrelais besteht in der Hauptsache aus der Grundzeit und der widerstandsabhängigen Zeit. Die Grundzeit kann mit Rücksicht auf die Abschaltleistung der Ölschalter oft nicht unter 0,5 bis 1 s eingestellt werden. Die widerstandsabhängige Zeit bemißt man wegen der uneinheitlichen Arbeitszeit der Ölschalter notgedrungen für Staffelzeiten, die bei dreipoligem Kurzschluß etwa eine Sekunde betragen. Bei zweipoligem Schluß fällt dann die Staffelzeit wegen des größeren Widerstandes der Stromschleife noch um mindestens 16% höher aus. Dazu kommt noch die Streuung, die die Ablaufzeit bis zu 0,2 s weiter erhöhen kann. Addiert man die vier erwähnten Zeiten, so ergibt sich eine Arbeitszeit der Relais, die im ungünstigsten Falle allein schon 2,3 s überschreitet. Hierzu addiert sich ferner die Arbeitszeit des Ölschalters, die sich aus der Auslösereigenzeit und der Schaltereigenzeit zusammensetzt und von 0,1 bis 1 s betragen kann. Nun muß in Ringnetzen und bei parallelen Leitungen in der Regel auch der zweite Ölschalter des gestörten Anlageteiles zur Abschaltung kommen. Wenn die Distanzrelais der beiden Ölschalter gleichzeitig anlaufen, was meistens auch geschieht, dann ergibt sich eine Abschaltzeit von etwa 2 s. Sprechen jedoch die Ansprechglieder der Relais nicht gleichzeitig an, z. B. bei stark unsymmetrischer Lage der Fehler zur Speisequelle, wie in Abb. 15 angedeutet, so kommt eine Addition der Auslösezeiten zustande. Nach dem Auslösen des Ölschalters 1 fangen erst

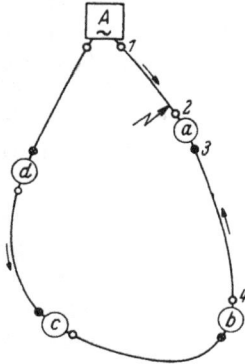

Abb. 15.

die Ansprechglieder der Relais am Ölschalter 2 an, ihre Ablaufglieder in Tätigkeit zu setzen. Dies trifft bei Verwendung sowohl von Überstrom- als auch von Unterimpedanz-

Ansprechgliedern zu (vgl. hierzu auch die Ansprechkennlinien in den Abb. 6 und 7). Die Abschaltzeit in diesem Beispiel beträgt, wenn die Grund- und Staffelzeiten mit je 1 s festgelegt sind und die Arbeitszeiten der Ölschalter *1* und *2* einschließlich der Löschzeit des Lichtbogens in Öl mit je 0,2 s angenommen werden, rund:

$$t = t_1 + t_2 = (t'_1 + t''_1) + (t'_2 + t''_2)$$
$$= (2 + 0,2) + (1 + 0,2) = 3,4 \text{ s}$$

Hierin bedeuten:

t_1 die Auslösezeit am Ölschalter *1*,

t_2 die Auslösezeit am Ölschalter *2*,

t'_1 die Arbeitszeit eines Relais am Ölschalter *1*, bestehend aus Grund- und Ablaufzeit von je 1 s,

t''_1 die Arbeitszeit des Ölschalters *1* einschließlich Lichtbogenlöschzeit,

t'_2 die Arbeitszeit eines Relais am Ölschalter *2* mit der Grundzeit von 1 s,

t''_2 die Arbeitszeit des Ölschalters *2* einschließlich Lichtbogenlöschzeit.

Die Ansprech- und Streuzeiten wurden hier der Einfachheit halber vernachlässigt. Ein ähnliches Beispiel wird im Kapitel F sehr ausführlich besprochen, und zwar für den drei- und zweipoligen Kurzschluß.

Bei einem Kurzschluß an den Sammelschienen der Unterstation *a* in Abb. 15 würde unter den gleichen Voraussetzungen, wie im vorhergehenden Beispiel angegeben, die Abschaltzeit sogar 4,4 s dauern, da die volle Staffelzeit der Relais am Ölschalter *4* von 1 s hinzukommt. Tritt dagegen ein Kurzschluß an einer Sammelschiene auf, zu der der Fehlerstrom über mehrere Leitungen von verschiedenen Richtungen zufließt, so kann die Abschaltzeit noch länger dauern, wenn die einzelnen Auslösezeiten sich addieren. Kürzere Abschaltzeiten ergeben sich in solchen Fällen bei Verwendung von Unterspannungs-Ansprechgliedern, die bekanntlich bei genügend zusammengebrochener Spannung auch bei den kleinsten Strömen die Ablaufglieder anregen. Durch Verringerung der Relaisgrundzeit läßt sich auf jeden Fall die Abschaltzeit auch verkleinern. Aus den vorstehenden Ausführun-

gen geht deutlich hervor, daß Abschaltzeiten von
2 s für eine Netzanlage mit Ringleitungen und parallelen Leitungen nur bedingte Gültigkeit haben.
Leider trifft man in der Praxis auch Arbeitszeiten von Ölschaltern an, die eine Sekunde dauern. In Netzen mit derartigen Ölschaltern müssen natürlich die Staffelzeiten über 1 s
bei etwa 1,5 s liegen.

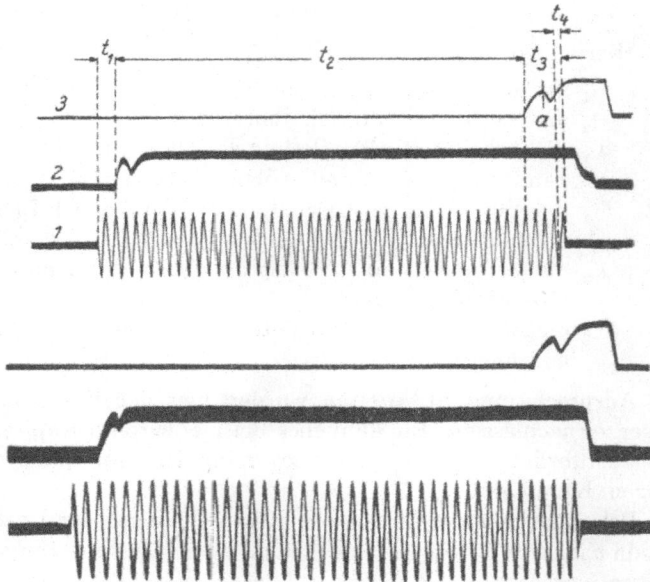

Abb. 16. Abschaltzeit-Oszillogramme.

Nachstehend sei an Hand von vier Oszillogrammen und
eines Indikatordiagrammes kurz der zeitliche Verlauf der Vorgänge an unabhängigen Überstromzeitrelais verschiedenen
Fabrikates und einem Ölschalter der Reihe 10 während der
Abschaltung gezeigt. Sinngemäß lassen sich die Oszillogramme
auch auf widerstandsabhängige Relais beziehen. Die Oszillogramme der Abb. 16 zeigen, daß die Überstrom-Ansprechglieder von zwei verschiedenen Relais bei 8 A praktisch die
gleichen Ansprechzeiten (rd. 4 Halbperioden) aufweisen. Aus
den Oszillogrammen der Abb. 17 gehen die Ansprechzeiten des

einen Ansprechgliedes bei 40 A und bei 6 A hervor. Die Abb. 18 stellt die Schaltung der Apparate für die Aufnahme der Oszillogramme dar.

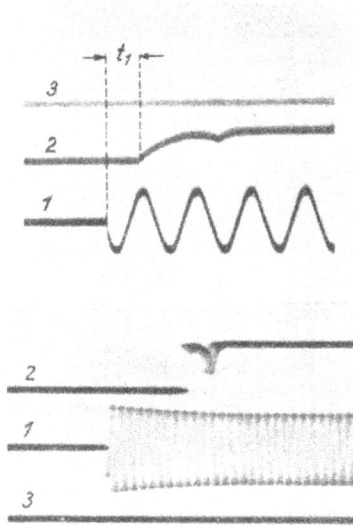

Abb. 17. Ansprechzeit-Oszillogramme.

In den Oszillogrammen der Abb. 16 ist die Abschaltzeit in die einzelnen Arbeitszeiten der bei der Abschaltung beteiligten Elemente der Relais und des Ölschalters zerlegt. Es bedeuten in ihnen:

> *1* Erregerkreis des Ansprechgliedes am Relais,
>
> *2* Erregerkreis des Ablaufgliedes am Relais,
>
> *3* Erregerkreis des Auslösers am Ölschalter,
>
> t_1 Ansprechzeit,
>
> t_2 Ablaufzeit,
>
> t_3 Arbeitszeit des Ölschalters (Auslösereigenzeit + Ölschaltereigenzeit),
>
> t_4 Zeit, die der Ölschalter von der Stellung »Ein« bis zur Trennung der Vorkontakte benötigt (vgl. t_4 in Abb. 19),

t_3 bis t_4 Zeit vom Einsetzen der Erregung des Auslösers
bis zum Einsetzen der Bewegung der Ölschalter-
traverse,

a Entklinkung der Schlüpfkupplung.

Die Unterbrechung des Auslösekreises *3* wurde bei den
Versuchen durch den Kontakt des Relais-Ablaufgliedes herbeigeführt, also nicht durch den Walzenschalter am Ölschalter,
sonst würde sie mit der Unterbrechung im Erregerkreis *1* zeit-

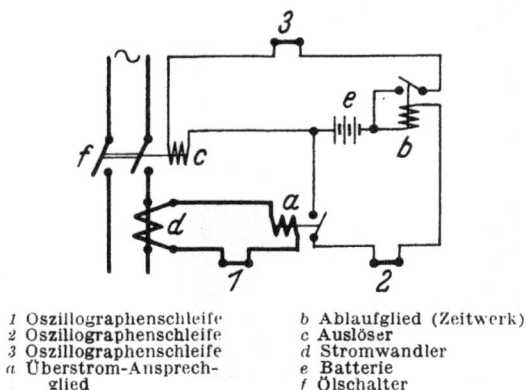

1 Oszillographenschleife	*b* Ablaufglied (Zeitwerk)
2 Oszillographenschleife	*c* Auslöser
3 Oszillographenschleife	*d* Stromwandler
a Überstrom-Ansprech-	*e* Batterie
glied	*f* Ölschalter

Abb. 18. Schaltung für die Aufnahme der Oszillogramme der Abb. 16 und 17.

lich zusammentreffen. Aus den Oszillogrammen der Abb. 16
ist ein allmähliges Ansteigen des Stromes beim Einschalten
und ein allmähliges Abfallen des Stromes beim Ausschalten
in den Erregerkreisen *2* und *3* deutlich erkennbar. Dies erklärt
sich aus dem Einfluß der Induktivität auf die Stromänderung.
Eine bemerkenswerte Erscheinung bilden in den Oszillogrammen die ausgeprägten Zacken im Stromanstieg. Der zackige
Verlauf dieser Stromkurven ist auf die Änderung des Luftspaltes zwischen Joch und Anker beim Erregen der Magnetspulen zurückzuführen. Die Zacken verschwinden, wenn man
den Luftspalt auf etwa 2 mm verkleinert, und werden mit größerem Luftspalt immer größer. Die Zacken verschwinden auch
dann, wenn der Luftspalt konstant gehalten wird, d. h. wenn
der Klappanker oder Tauchanker festgeklemmt wird. Beim
Erreichen des ersten Strombuckels vor dem Abfallen des Stro-

mes in der Zacke fängt der Magnetanker an, sich zu bewegen.
Mit dem Erreichen der unteren Stromspitze ist seine Bewegung
zu Ende. Von da ab setzt wieder der charakteristische
langsame Anstieg des Stromes ein. Er erfolgt jetzt langsamer
als vor dem Buckel, weil die Induktivität wegen des kleineren
Luftspaltes nach dem Eintauchen des Ankers größer geworden ist.

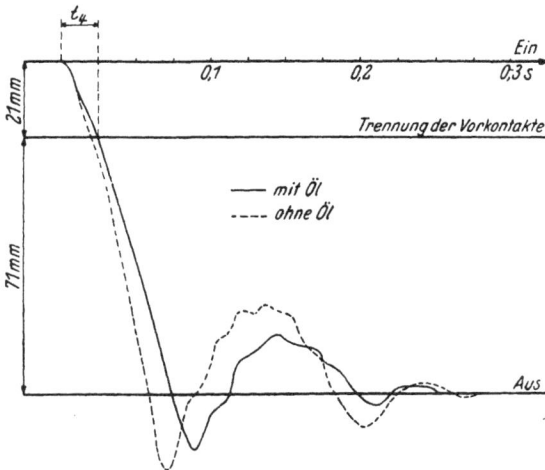

Abb. 19.
Weg-Zeitdiagramm eines Ölschalters der Reihe 10 beim Ausschalten.

Die Abschaltzeiten können im allgemeinen bei Freileitungsnetzen höher sein als bei Kabelnetzen, weil jene thermisch
weniger gefährdet sind. Bei Kabelnetzen mit großer zen-
traler Leistung empfiehlt es sich zu kontrollieren, ob bei der
höchsten Abschaltzeit die Erwärmung der Kabel in den zulässigen Grenzen bleibt. Es ist daher erforderlich, neben dem
minimalen Kurzschlußstrom auch den maximalen Kurzschlußstrom zu berechnen und nachzuprüfen, ob bei den vorgesehenen
Zeitkennlinien die Abschaltzeit beim höchsten Kurzschlußstrom so klein wird, daß Leitungen und Apparate thermisch
nicht gefährdet sind. Die Ermittlung des maximalen Kurzschlußstromes ermöglicht gleichzeitig die Nachrechnung der
dynamischen Beanspruchung der Anlage. Zeigt sich die Anlage

den thermischen und dynamischen Beanspruchungen nicht gewachsen, so wird man im allgemeinen Kurzschlußdrosselspulen einbauen oder die Sammelschienen unterteilen, um den Kurzschlußstrom auf die zulässige Größe herabzudrücken.

Bei Relais mit magnetisch gekoppeltem Strom- und Spannungskreis im Ablaufglied hat die jeweilige Phasenverschiebung zwischen Strom und Spannung im Kurzschlußpfad auf die Arbeitszeit der Relais einen gewissen Einfluß, der bei der Bestimmung der Abschaltzeiten berücksichtigt werden muß.

8. Strom- und Spannungswandler.

Die Strom- und Spannungswandler bilden wesentliche Bestandteile der Selektivschutzanlagen und müssen daher gewissen Anforderungen bei Kurzschluß und Erdschluß genügen. Bei nachträglicher Ausrüstung eines Netzes mit Distanzschutz ist es im allgemeinen erforderlich, die eingebauten S t r o m w a n d l e r auszuwechseln, da sie in ihrem Übersetzungsverhältnis und in ihrer Überstromcharakteristik selten so übereinstimmen, daß ein einwandfreies Arbeiten der Distanzrelais möglich ist. Erfahrungsgemäß genügen für die Selektivschutzanlagen Stromwandler der Genauigkeitsklasse F mit einer Nennbürde von $1,2\,\Omega$. Unter Nennbürde eines Stromwandlers versteht man die auf seinem Schild in Ω angegebene resultierende Impedanz, welche an die Sekundärseite angeschlossen werden kann, ohne die Bestimmungen der betreffenden Klasse zu verletzen. Die Meßgenauigkeit in Klasse F ist erwünscht, um auch bei hohen Kurzschlußströmen geringe Übersetzungsfehler und kleine Fehlwinkel, insbesondere im Bereich der Eisensättigung, zu erhalten. Der Fehlwinkel bleibt allgemein bei den Stromwandlern mit einer Nennamperewindungszahl über $500\,AW$ auch bei sehr hohen Kurzschlußströmen, beispielsweise beim 20- bis 30fachen Nennstrom, für die Richtungsglieder und für die vom $\cos \varphi$ bzw. $\sin \varphi$ abhängigen Ablaufglieder der Distanzrelais immer noch in annehmbaren Grenzen, d. h. etwa unter 5^0. Unzulässig groß werden dagegen die Fehlwinkel bei den Wandlern mit einer Nennamperewindungszahl unter $500\,AW$, wie dies gewöhnlich bei den Einleiter- und Ringstromwandlern der Fall ist. Hier können die Fehlwinkel nicht nur bei großen, sondern auch bei kleinen Strömen Werte bis zu 20⁰ annehmen, wodurch die Auslösecharakteristik der vom Kurzschluß-Phasenwinkel abhängigen Distanzrelais und die Arbeit der Richtungsglieder beeinträchtigt werden. Über den Verlauf der Fehlwinkel bei Topf-, Schleifen- und Einleiterstromwandlern sind in dem Buch von Goldstein »Die Meßwandler«, Verlag von Julius Springer, ausführliche Angaben vorhanden. Die Stromwandler müssen je nach der Netzgestalt die lineare Überstromcharakteristik bis zum 10- bis 20fachen Nennstrom einheitlich aufweisen, damit den hintereinanderliegenden Relais bei Kurzschluß die Netzströme auf der Sekundärseite möglichst getreu zugeführt und die Sekundärimpedanzen der Kurzschlußschleifen richtig gemessen werden. Die Überstromkennlinien können dabei von der Sollübersetzungskennlinie um 5% abweichen. Bei noch höheren Strömen biegen die Überstromkennlinien infolge der Eisensättigung von den Sollkennlinien bekanntlich stark ab. Auch in diesem Bereich sollen die Stromwandler möglichst einheitlich übersetzen, so daß ihre Meßwerte nicht mehr als 10% untereinander abweichen.

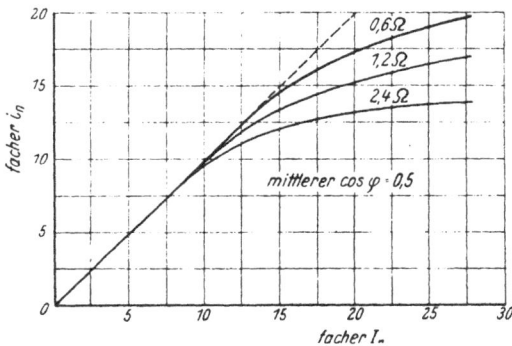

Abb. 20. Prinzipieller Verlauf der Überstromkennlinien eines Stromwandlers mit ausgesprochenen Primärwicklungen.

Aus Abb. 20 geht das Verhalten der Überstromkennlinien eines Stromwandlers bei verschiedenen Bürden deutlich hervor. Man sieht daraus, daß ein proportionales Anwachsen des Sekundärstromes mit dem Primärstrom nur bis zu einem bestimmten Wert erfolgt, danach aber die einzelnen Kennlinien abbiegen und sich asymptotisch je einem Grenzwert nähern.

3*

An die Selektivschutzstromwandler können außer den Relais auch Meßinstrumente angeschlossen werden, sofern diese für die vorliegenden Verhältnisse kurzschlußsicher gebaut sind; andernfalls muß man für sie entweder besondere Meßkerne, besondere Zwischenwandler oder überhaupt andere geeignete Meßwandler vorsehen. Gegebenenfalls können die thermisch gefährdeten Meßinstrumente und Zähler beim Eintritt eines Kurzschlusses durch besondere Kurzschließerrelais überbrückt werden. Die zurzeit auf dem Markt befindlichen widerstandsabhängigen Relais haben vor dem Ansprechen bei normalem Betrieb einen Eigenwiderstand von 0,2 bis 0,6 Ω, bezogen auf den Nennstrom von 5 A und einen mittleren $\cos \varphi = 0,5$. Nach dem Ansprechen, d. h. bei Überlast bzw. bei Kurzschluß, steigt der Eigenwiderstand infolge Zuschaltung weiterer Impedanzen im Relais auf 1,2 bis 1,6 Ω, ebenfalls auf 5 A und einen $\cos \varphi = 0,5$ bezogen. Sehr lange Verbindungsleitungen von den Stromwandlern zu den Relais ergeben zusätzliche Bürden und erhöhen infolgedessen die Auslösebürden, was unter Umständen ein früheres Abbiegen der Überstromkennlinien zur Folge hat und zu Falschauslösungen führen kann.

Für Netze mit einer Betriebsspannung unter 30 kV müssen die Stromwandler in der Regel eine hohe Kurzschlußfestigkeit aufweisen. Bei höheren Netzspannungen sind die Kurzschlußströme im allgemeinen kleiner, so daß an die Wandler bezüglich der Überstromcharakteristik und der Kurzschlußfestigkeit keine so hohen Ansprüche zu stellen sind. Die Sekundärwicklungen der marktgängigen Selektivschutzstromwandler sind durchweg als kurzschlußfest anzusehen, da sie infolge der Sättigung des Eisenkernes im Kurzschluß höchstens den 30- bis 40fachen Nennstrom, d. h. 150 bis 200 A, führen. Dagegen ist der Primärstrom der Wandler praktisch unbegrenzt; er ist durch die treibende Spannung und durch die Impedanz der Kurzschlußschleife des Netzes gegeben. Die Kurzschlußfestigkeit der Stromwandler ist also im wesentlichen eine Frage der richtigen Bemessung der Primärleiterquerschnitte. Besondere Rücksicht ist hierauf bei den Wandlern unter rd. 200 A zu nehmen, da hier die Windungszahl zur Erzielung der erforderlichen Durchflutung relativ hoch sein muß und die Leiterquerschnitte im gleichbleibenden Wickelraum verhältnismäßig schwach ausfallen. Geht man bei einem solchen Wandler mit der Windungszahl zurück, so kann wohl der Leiterquerschnitt verstärkt und somit eine höhere dynamische und thermische Festigkeit erzielt werden, dafür erleidet aber seine Nennleistung bzw. seine Nennbürde eine beträchtliche Einbuße, da diese bei gleichbleibendem Eisenkern ungefähr quadratisch mit der Amperewindungszahl zurückgeht. In kritischen Fällen greift man dann besser zu Wandlermodellen der gleichen oder einer anderen Reihe mit größerem Wickelraum und entsprechend stärkerer Konstruktion. Wenn man auch damit noch nicht zurechtkommt, so ermäßigt man notgedrungen die Nennbürde in Klasse *F* und nimmt größere Übersetzungsfehler und größere Fehlwinkel in Kauf.

Die thermische Beanspruchung der Stromwandler ist nicht nur von der Höhe des Kurzschlußstromes, sondern auch von dessen Zeitdauer abhängig. Ihre Beanspruchungszeit bei Kurzschluß kann je nach den Netzverhältnissen und dem Einbauort mit 3 bis 5 s angenommen werden. Gewöhnlich wird zur Bestimmung der thermischen Sicherheit der Dauerkurzschlußstrom zugrunde gelegt. Kommt aber an der Einbaustelle der Wandler infolge geringer Impedanzen zwischen Fehlerstelle und Stromquelle ein beachtlicher Stoßkurzschlußstrom zustande, so muß auch dieser bei Bestimmung der Wärmewirkung berücksichtigt werden.

Weniger schwierig ist die Beherrschung der dynamischen Wirkung der Kurzschlußströme auf die Stromwandler. Durch geeignete Abstützung und Führung der Primärleiter kann den dabei auftretenden Kräften wirksam entgegengetreten werden. Der dynamischen Beanspruchung sind bekanntlich am stärksten die Einführungen der Topfstromwandler ausgesetzt, da diese eine verhältnismäßig enge Schleife bilden. Auch machen sich bei Spulenunsymmetrien starke axiale Schubkräfte bemerkbar, die zur Zertrümmerung der Wandler führen können. Die Herstellerfirmen haben bei ihren neuen Wandlermodellen in der Konstruktion gegen diese Erscheinungen schon entsprechende Maßnahmen getroffen.

Der Sekundärkreis eines Stromwandlers darf im Betrieb nie offen sein, da sonst durch das Wegbleiben der sekundären Gegenamperewindungen das Feld des Primärstromes eine sehr hohe Sättigung des Eisenkernes herbeiführt und die damit verbundenen Eisenverluste eine übermäßige Erwärmung des Wandlers bewirken. Auch kann bei offenem Sekundärkreis die Spannung am Meßkreis eine lebensgefährliche Höhe annehmen.

Als S p a n n u n g s w a n d l e r können beliebige Typen verwendet werden. Es ist jedoch zweckmäßig, Fünfschenkelspannungswandler vorzusehen, da diese infolge ihres magnetischen Rückschlusses auch die Spannung gegen Erde richtig anzeigen und bei bewickeltem vierten und fünften Schenkel die Messung der Nullpunktspannung ohne Zusatzwandler gestatten. Die Nullpunktspannung wird zur Betätigung von Erdschlußmelde- bzw. Erdschlußabschaltvorrichtungen verwendet. Über die Gewinnung der Nullpunktspannung bei anderen Schaltungen bringt Kapitel I ausführlichere Angaben. Die Leistungsaufnahme der bekannten widerstandsabhängigen Relais im Spannungspfad ist sehr verschieden. Sie bewegt sich von 10 bis 200 VA, bezogen auf die Nennspannung von 110 V. Der Anschluß von Meßinstrumenten und Zählern an die Spannungswandler einer Selektivschutzanlage kann ohne Bedenken vorgenommen werden, wenn dadurch die zulässige Belastbarkeit entsprechend der Meßgenauigkeit der Klasse F nicht überschritten wird. Die Spannungswandler dürfen im Betrieb im Gegensatz zu den Stromwandlern auf der Sekundärseite nicht kurzgeschlossen werden, da sie thermisch zugrunde gehen können.

Die Spannungswandler werden auch bei Selektivschutzanlagen gewöhnlich auf der Primär- und Sekundärseite mit Abschmelzsicherungen versehen. Auf der Sekundärseite werden solche für etwa 6 bis 10 A verwendet; auf der Primärseite benutzt man gegen unerwünschtes Durchgehen genügend starke Abschmelzsicherungen. In Netzen mit großer Kurzschlußleistung schalten manche Werke zur Erhöhung der Sicherheit vor die Primärsicherungen noch Silit- oder Ocelit-Widerstände. Bei Betriebsspannungen über 50 kV werden selten Primärsicherungen eingebaut, da man die Schutzwirkung solcher Sicherungen bezweifelt.

9. Zwei- und dreipolige Ausrüstung.

Werden die widerstandsabhängigen Relais an die verkettete Spannung eines Netzes gelegt, dessen Nullpunkt hochohmig oder überhaupt nicht geerdet ist, so ist bei einem Freileitungsnetz eine dreipolige Ausrüstung immer erforderlich, sofern man von der Anwendung besonderer Umschaltrelais im Spannungskreis absieht; bei einem Kabelnetz dagegen genügt unter Umständen eine zweipolige Ausrüstung, da sich hier zweipolige Kurzschlüsse fast stets zu dreipoligen ausbilden. Dies kann man um so mehr annehmen, als die Kurzschlußleistung in den Netzen allgemein von Jahr zu Jahr steigt und die Wärmewirkung bei Kurzschluß den Durchbruch zur gesunden Phase sehr schnell bewirkt. Auch ist die Existenz zweipoliger Kurzschlüsse an den Kabelendverschlüssen und Sammelschienen bei hohen Kurzschlußleistungen zu bezweifeln. Ist dagegen der Nullpunkt des Netzes kurz geerdet, so ist mit Rücksicht auf den einpoligen Kurzschluß die dreipolige Ausrüstung immer, auch in Kabelnetzen, notwendig. In solchen Netzen müssen die Relais mit einer Umschaltvorrichtung versehen werden, welche sie bei einpoligem Kurzschluß an die zugehörige Phasenspannung, bei zwei- und dreipoligem Kurzschluß an die verkettete Spannung legt.

Die gleiche Schaltung wird von einigen Firmen auch in Netzen mit nicht kurz geerdetem Nullpunkt angewendet, und zwar zur günstigeren Erfassung von Doppelerdschlüssen. Würde man die Relais zur Lokalisierung der Doppelerdschlüsse an die verkettete Spannung legen, so kämen infolge des eigenartigen Verlaufes der Spannung längs der Stromschleifen verhältnismäßig lange Auslösezeiten und unter Umständen Falschauslösungen zustande, siehe Fußnote auf S. 8.

In Freileitungsnetzen mit nicht kurzgeerdetem Nullpunkt hat man es vorwiegend mit zweipoligen Kurzschlüssen, zu welchen auch die Doppelerdschlüsse zählen, zu tun. Dieser Umstand bedingt, daß die Selektivschutzeinrichtungen hier dreipolig ausgeführt sein müssen. Würde man die widerstandsabhängigen Relais nur in zwei Phasen einbauen, so könnte oft der Fall eintreten, daß die Relais bei zweipoligem Kurzschluß nicht die Impedanz bzw. Reaktanz der Schleife der kurzgeschlossenen Phasen, sondern etwas ganz Abwegiges messen, nämlich den Quotienten aus der Spannung zwischen einem der kranken Leiter und dem gesund gebliebenen Leiter und dem Kurzschlußstrom. Natürlich kann in solchen Fällen von einer

ausreichenden Staffelzeit keine Rede sein; die Auslösezeiten
würden auch viel zu hoch ausfallen. Noch wahlloser wäre hierbei die Abschaltung, wenn man die Relais nicht einheitlich in
ein und dieselben Phasen einbauen würde. Um dies näher zu
veranschaulichen, soll ein Beispiel angeführt werden. Auf der

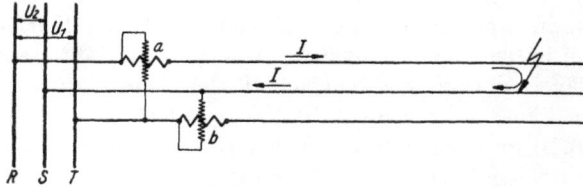

Abb. 21. Zweipolige Schutzart durch Distanzrelais.

Leitung in Abb. 21, die hier der Einfachheit halber nur als Ab-
zweig gezeichnet ist, entstehe zwischen den Phasen R und S
ein zweipoliger Kurzschluß. Die Strom- und Spannungs-
anschlüsse der Relais a und b seien, was mit der Praxis über-
einstimmt, so vorgenommen, daß der Strom einer Phase mit
der verketteten Spannung zwischen der ihm zugehörigen und
der im Drehfeld vorangehenden Phase kombiniert wird. Dies
ist notwendig, um den Richtungsgliedern und den phasen-
winkelabhängigen Ablaufgliedern der Relais zur richtigen Arbeit zu verhelfen. Das Relais a mißt hier die Spannung zwischen den Phasen R und T, während der Kurzschluß zwischen
den Phasen R und S liegt. Das Relais erfaßt also statt des
richtigen Quotienten $\frac{U_2}{I}$ einen falschen, nämlich den Quotienten $\frac{U_1}{I}$. Die Zähler dieser Quotienten sind im Vektordiagramm Abb. 22 angedeutet. Der Vektor U_2 kann an der Einbaustelle der Relais bei Kurzschluß alle Werte zwischen der
vollen verketteten Spannung und der Spannung 0 V, je nach
der Länge der Kurzschlußschleife und je nach der Höhe des
Übergangswiderstandes und der Stärke des Kurzschlußstromes,
annehmen. Der Vektor U_1 dagegen kann nur zwischen der
vollen verketteten Spannung und ihrem 0,866 fachen Wert
variieren. Läge der Kurzschluß zwischen den Phasen R und
T oder T und S, so würde Relais a oder b in Abb. 21 mit
der richtigen Zeit auslösen.

Bei dreipoliger Ausrüstung würde im Falle eines zweipoligen Kurzschlusses mindestens ein Relais den Spannungsabfall der entsprechenden Kurzschlußschleife messen. Im vor-

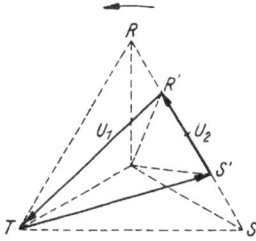

Abb. 22. Spannungsdiagramm bei zweipoligem Kurzschluß im Netz.

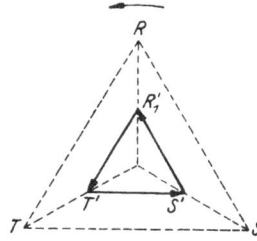

Abb. 23. Spannungsdiagramm bei dreipoligem Kurzschluß im Netz.

stehenden Beispiel wäre es das noch hinzugehörige Relais c in der Phase S. Bei dreipoligem Kurzschluß dagegen messen alle Relais sowohl bei zwei- als auch bei dreipoliger Ausrüstung die getreuen Spannungsabfälle der Kurzschlußschleifen, da alle Phasenspannungen und mithin die verketteten Spannungen fast immer einheitlich zurückgehen (siehe Abb. 23). Den einpoligen Richtungsgliedern der widerstandsabhängigen Relais werden die Ströme und die verketteten Spannungen so zugeführt, daß bei einem Phasenverschiebungswinkel zwischen Strom und Phasenspannung $\varphi = 0^0$ der Stromvektor dem Vektor der zugehörigen verketteten Spannung um 30^0 voreilt (siehe Abb. 24). Die Relais werden somit von vornherein kapazitiv geschaltet. Diese Maßnahme ist erforderlich, um auch bei großen induktiven Phasenverschiebungen bei Kurzschluß noch ein günstiges Drehmoment der wattmetrischen Relaisglieder zu erhalten. Kapazitive Phasenverschiebungen kommen ja bei Kurzschlüssen prak-

Abb. 24. Vektordiagramm für den Anschluß wattmetrischer Relais.

tisch nicht vor. Falls zwei- oder dreipolige Richtungsglieder mit mechanischer Kupplung zur Anwendung gelangen, so kann von dieser kapazitiven Schaltung Abstand genommen werden.

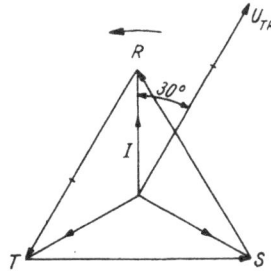

Abb. 25 gibt die Prinzipschaltung für die dreipolige Ausrüstung eines Leitungsabzweiges mit Relais nach dem Widerstandsprinzip wieder. In dieser Schaltung ist gleichzeitig ein
wattmetrisches Erdschlußrelais *e* eingezeichnet, das an der
Nullpunktspannung[1]) liegt und vom Nullpunktstrom[2]) durch-
flossen wird. Aus ihr geht ferner hervor, daß die Strompfade
der Distanzrelais *a* in Stern mit herausgeführtem Nullpunkt
geschaltet sind. Der Nullpunkt der Relais ist mit dem Null-

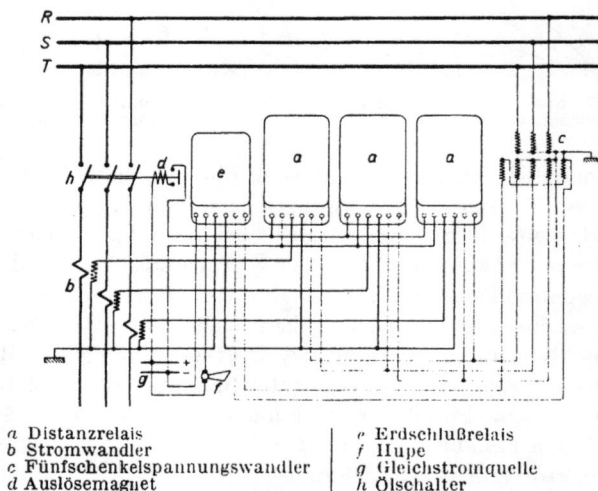

a Distanzrelais	*e* Erdschlußrelais
b Stromwandler	*f* Hupe
c Fünfschenkelspannungswandler	*g* Gleichstromquelle
d Auslösemagnet	*h* Ölschalter

Abb. 25. Prinzipschaltung (äußere) von Distanzrelais für Drehstrom
in Verbindung mit einem Erdschlußrelais (Gleichstromauslösung).

punkt der Stromwandler mittels des Summenstromleiters, der
über das Erdschlußrelais *e* führt, verbunden. Bei zweipoliger
Ausrüstung fällt das Relais einer Phase mit den dazugehörigen
Verbindungsleitungen weg. Zwangläufig kommt dann auch
das Erdschlußrelais *e* in Fortfall, da die Nullpunktleistung bei
dieser Schaltung nicht mehr gemessen werden kann.

Für den Anschluß der Relais ist, wie bei allen wattmetrischen Schaltungen, die Drehfeldrichtung des Dreiphasensystems
zu berücksichtigen. Um dieser Forderung leichter nachzukom-

---

[1]) Spannung des Systemnullpunktes gegen Erde.
[2]) Summenstrom der Drehstromleitung.

Abb. 26. Distanzrelais und Erdschlußrelais der AEG für vier Leitungsabzweige
auf zwei Relaistafeln.

men, baut man die Stromwandler so ein, daß ihre Anschluß-
klemmen L_1 und l_1 einheitlich nach den Sammelschienen oder
einheitlich nach dem Schützling, beispielsweise nach dem
Kabel, gerichtet sind. Dabei ist zu empfehlen, den Sternpunkt
der Sekundärwicklungen der Stromwandler auf der Seite des
Schützlings zu bilden. Außerdem ist für die Anschlüsse der
Strom- und Spannungswandler die gleiche Phasenfolge einzu-
halten. Dann ist es bei der Inbetriebnahme der Relais leichter,
den richtigen Anschluß der Distanzrelais mit Hilfe eines Dreh-
feldrichtungsanzeigers zu überprüfen. Sollte nach dieser Maßnahme an der Drehrichtung der Richtungsglieder noch eine
Unstimmigkeit festzustellen sein, so ist der Wickelsinn der
Wandlerspulen zu überprüfen. Derartige Fehler kommen
an Stromwandlern jedoch äußerst selten vor.

Den Querschnitt der Zuleitungen von den Stromwandlern zu den Relais wählt man zweckmäßig nicht unter 6 mm² Kupfer. Die Verbindungsleitungen zwischen den Spannungswandlern und den Relais können schwächeren Querschnitt besitzen.

Abb. 27. Distanzrelais der BBC für einen Leitungsabzweig auf einer Relaistafel.

Während für den Anschluß der Distanzrelais einer Station je Sammelschienensystem ein Spannungswandler genügt, sind für jede von der Station abgehende Leitung drei bzw. zwei Stromwandler erforderlich.

Zum Schutze der Meßkreise und des Bedienungspersonals bei etwaigem Übertritt der Hochspannung in die Niederspannungsseite werden die Sternpunkte der Sekundärwicklungen und die Gehäuse der Strom- und Spannungswandler stets geerdet.

Die Abb. 26 bis 29 geben Ansichten von einigen eingebauten Relaissätzen wieder.

10. Auslöseart.

Die Auslösung der Ölschalter wird in Selektivschutzanlagen je nach den vorliegenden Verhältnissen entweder durch Gleichstrom oder durch Wandlerstrom herbeigeführt. Für diejenigen Stationen, in denen eine Gleichstromquelle zur Verfügung steht und Bedienung in Aussicht genommen ist, wird man zweckmäßig Relais für Gleichstromauslösung vorsehen. Mit Rücksicht auf die Auslösespule, die Relaiskontakte und die Hilfsstromquelle ist es bei dieser Auslöseart im allgemeinen notwendig, den Auslösekreis nach erfolgter Abschaltung der Ölschalter zwangläufig zu unterbrechen. Dies geschieht normal durch einen Walzenschalter an der Ölschalterwelle (vgl. Abb. 25). Außerdem empfiehlt es sich, den Auslösestromkreis gegen Kurzschluß und zur gefahrlosen Bedienung der Relais doppelpolig abzusichern.

Abb. 28. Distanzrelais der Dr. Paul Meyer A.-G. für einen
Leitungsabzweig auf einer Relaistafel.

Abb. 29. Distanzrelais von S. & H. für einen Leitungsabzweig
auf einer Relaistafel.

Ist hingegen in einer Station keine Hilfsstromquelle vorhanden bzw. in Aussicht genommen, so ist die Anwendung der Wandlerstromauslösung (Abb. 30 und 31) zu empfehlen, bei der die Auslöser *d* am Ölschalter durch den Sekundärstrom des Stromwandlers betätigt werden. Bei dreipoliger Ausrüstung des Netzes mit Relais sind bei den bekanntesten Ausführungen mindestens zwei Magnetspulen erforderlich. Wird eine Anlage nur zweipolig geschützt, so genügt je nach der Art der Innen- und Außenschaltung der Relais auch ein Auslöser.

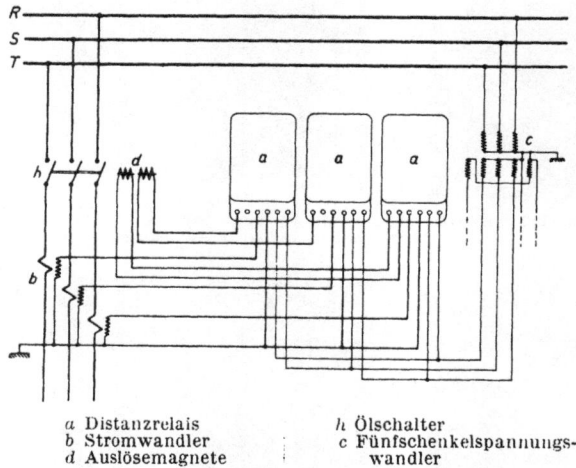

a Distanzrelais   h Ölschalter
b Stromwandler   c Fünfschenkelspannungs-
d Auslösemagnete   wandler

Abb. 30. Prinzipschaltung (äußere) von Distanzrelais für Drehstrom
(Wandlerstromauslösung).

Um Mißverständnisse zu vermeiden, sei ausdrücklich betont, daß die Wandlerstromauslösung, d. h. die Auslösung der Ölschalter durch Arbeitsstromauslöser, die von Stromwandlern gespeist werden, grundsätzlich zu unterscheiden ist von der Auslösung der Ölschalter durch Arbeits- oder Ruhestromauslöser, die an Spannungswandler bzw. Leistungstransformatoren angeschlossen sind. Auslöser, die von Spannungswandlern oder Leistungstransformatoren der Netzanlage gespeist werden, sind in Selektivschutzanlagen wegen der allgemeinen Spannungssenkung bei Kurzschluß unzuverlässig; denn die Ruhestromauslöser werfen bei zusammengebrochener Spannung unter Umständen die Ölschalter wahllos heraus, während die Arbeitsstromauslöser je nach der Höhe der Netzspannung bei Kurzschluß die Auslösung der Schalter meistens nicht herbeiführen können. Die Wandlerstromauslösung wirkt dagegen um so sicherer, je größer der Kurzschlußstrom ist, und zwar auch dann, wenn die Netzspannung an der Einbaustelle der

Abb. 31. Ölschalter mit angebauten Auslösemagneten.

Wandler bzw. der Relais nahezu auf 0 V zurückgeht; denn die Ströme können dabei in der Sekundärwicklung je nach der angeschlossenen Bürde und je nach dem Sättigungsgrad im Eisenkern der Stromwandler auf den 30- bis 40fachen Wert des Nennstromes ansteigen. Die Auslösung erfolgt auch dann noch sicher, wenn die Schlüpfkupplung und der Arbeitsstromauslöser des Ölschalters sich durch Verschmutzung und Verrostung in verwahrlostem Zustande befinden. Zwischenschalter im

48

Auslösekreis, wie Walzenschalter, fallen bei dieser Auslöseart weg.

Bei der Wandlerstromauslösung kommen vorwiegend Öffnungskontakte, d. h. Ruhekontakte, zur Anwendung. Die
Prinzipschaltung für die Wandlerstromauslösung in einphasiger
Darstellung (Abb. 32) enthält zwei Öffnungskontakte, die mit
c und e gekennzeichnet und normal geschlossen sind. Bei Auftreten eines Überstromes wird zunächst der Kontakt c durch
den dazugehörigen Überstrommagneten sofort aufgerissen,
wonach sich der Strom in
den Nebenschluß I über die
Wicklung des Verzögerungsgliedes d ergießt. Nach einer
gewissen Zeit wird der Kontakt e geöffnet. Dann fließt
der Strom des Netzstromwandlers a in den Nebenschluß II über den Arbeitsstromauslöser h, welcher die
Auslösung des Ölschalters
herbeiführt. Erfahrungen der
Praxis und theoretische Überlegungen zeigen, daß die Beanspruchung der Öffnungskontakte bei der Wandler

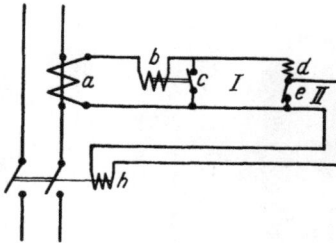

a Stromwandler
b Stromspule des Überstrom-Ansprechglieds
c Ruhekontakt des Überstrom-Ansprechglieds
d Stromspule des Ablaufglieds
e Ruhekontakt des Ablaufglieds
h Auslöser

Abb. 32. Prinzipschaltung der Wandlerstromauslösung.

stromauslösung viel geringer ist, als man dies allgemein annimmt. Zunächst spricht für die verhältnismäßig schwache
Beanspruchung der Kontakte der Umstand, daß man es
mit Wechselstrom zu tun hat, bei dem an und für sich in
jeder Halbwelle ein natürlicher Nulldurchgang des Stromes
auftritt, wodurch die beim Schaltvorgang auftretenden Lichtbogenlängen im Gegensatz zu solchen bei Gleichstrom wesentlich verkürzt werden. Dann ist zu beachten, daß das Schalten
der Öffnungskontakte nicht das Aufreißen des Sekundärkreises
des Stromwandlers bewirkt, sondern lediglich die Überbrückung
des Nebenschlusses aufhebt. Die Beanspruchung der Kontakte
ist im wesentlichen von ihrer Schaltgeschwindigkeit bzw.
von der Löschzeit und von der Größe der Induktivität des freizugebenden Nebenschlusses abhängig. Natürlich müssen die

Kontakte kräftig genug ausgeführt sein, um die im Kurzschlußfalle auftretenden Ströme führen und in den Nebenschluß umleiten zu können. Am günstigsten arbeiten die

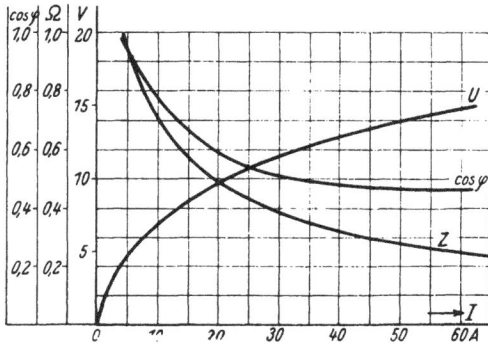

Abb. 33.

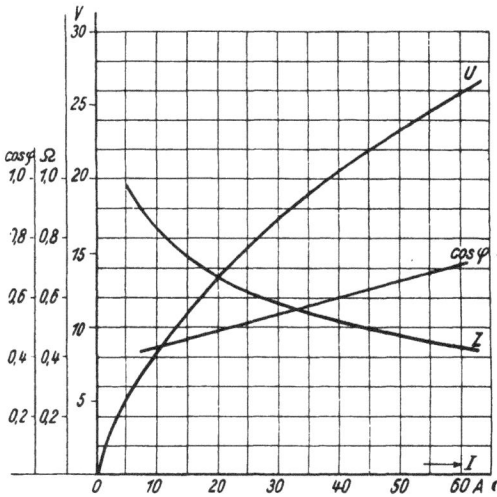

Abb. 34.

Relaiskontakte dann, wenn die Zeit der Aufhebung der Überbrückung nicht kürzer ist als die einer Halbwelle, da sonst der
Lichtbogen verlängert und der Schaltvorgang erschwert wird.

Walter, Selektivschutzeinrichtungen.   4

Dieser Umstand muß bei der Auslegung der Übertragungs-
organe vom Steuerglied zum Öffnungskontakt berücksichtigt
werden.

Die Kurven der Abb. 33 und 34 zeigen die effektiven Werte
der in den Nebenschlüssen I und II an den Schaltern c und e
auftretenden Spannungsabfälle U in Abhängigkeit des Stromes I, die an einem bekannten Distanzrelais aufgenommen
wurden. In den genannten Abbildungen ist auch die Änderung
der Impedanz und des cos φ in den Nebenschlüssen I und II
als Funktion des Stromes durch Kennlinien gegeben. Die Leistungsaufnahme des Ablaufgliedes (Nebenschluß I) beträgt
ca. 24 VA und die des Auslösers (Nebenschluß II) etwa 25 VA.
Beide Werte beziehen sich auf 5 A Nennstrom. Infolge der
Übersättigung der Magnete des Verzögerungsgliedes (Stromwandler mit Bimetallstreifen als Bürde) und des Auslösers
(Klappankermagnet) können die Spannungsabfälle nicht proportional mit den Strömen in den Spulen anwachsen. Die Spannungswerte der Kurve U in Abb. 34 sind bei offenem Anker
des Auslösers h aufgenommen. Den Schaltvorgang am Über-
brückungskontakt e, der als Fallkontakt ausgebildet ist,
zeigt bei 100 A das Oszillogramm Abb. 35. Hier ist deutlich
zu sehen, daß die Freigabe des Nebenschlusses II praktisch
beim Nulldurchgang des Stromes (Kurve 1) erfolgt, und daß
die dabei am Kontakt auftretende Spannung (Kurve 3) erst
nach zwei Halbperioden ihren vollen Amplitudenwert erreicht.

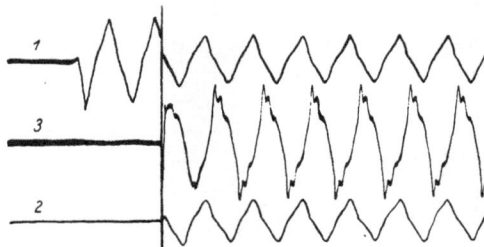

Abb. 35.

Es handelt sich hier nicht um ein Zufallsoszillogramm. Alle
mit ähnlichen Kontakten durchgeführten Versuche und Erfahrungen zeigen, daß der Schaltvorgang sich auch bei den

schwierigsten Verhältnissen einwandfrei vollzieht, ohne irgendwelche Schmelzperlen zurückzulassen. Die Kurve 2 gibt den Verlauf des Stromes im Nebenschluß II wieder. Bei der Deutung des Oszillogrammes hat man sich die Spannungskurve (3) um die Nullinie der Spannung um 180⁰ gedreht zu denken.

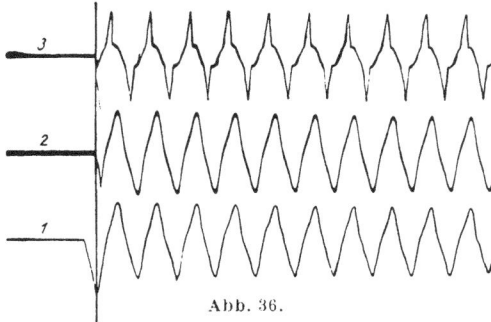

Abb. 36.

Aus Abb. 36 ist der Schaltvorgang an dem vom Klappanker eines Überstrommagneten zwangläufig gesteuerten Ruhekontakt c bei gleich hohem Strom ersichtlich. Hier kann es vorkommen, wie das Oszillogramm zeigt, daß die Freigabe des Nebenschlusses I nicht im Nulldurchgang, sondern beim Amplitudenwert des Stromes erfolgt. Im Moment des Öffnens des Kontaktes tritt eine Spannungsspitze auf, die wesentlich über dem nachfolgenden Amplitudenwert liegt. Es entsteht dabei ein Lichtbogen, der unter Umständen Schmelzperlen an den Kontaktteilen verursachen kann. Ein Zusammenschweißen der Kontakte konnte auch hier bei den größten Strömen, die auf der Sekundärseite der Stromwandler herauszuholen waren, nicht bemerkt werden. Es handelt sich hier um Bürstenkontakte aus Kupfer mit Silbervorkontakten, deren Konstruktion aus Abb. 37 hervorgeht.

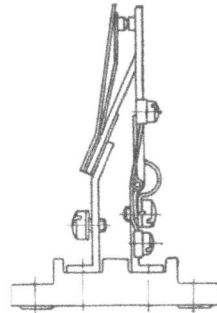

Abb. 37.
Relaiskontakt.

Die Wandlerstromauslösung ist hier so ausführlich behandelt worden, um einer weit verbreiteten Auffassung zu begeg-

4*

nen, die diese Auslöseart für unsicher erklärt. Wenn mit der Wandlerstromauslösung schlechte Erfahrungen gemacht worden sind, so dürfte dies in den Kriegs- und Vorkriegsjahren gewesen sein, zu einer Zeit, in der man es mit der Leistung der Stromwandler und der entsprechenden Bemessung der Relaisstromglieder und Auslösemagnete noch nicht so genau genommen hat. Inzwischen sind grundsätzliche Verbesserungen an den Stromwandlern und den Relais, insbesondere bezüglich Schaltung und Auslegung der aktiven Teile getroffen worden. Heute ist die Wandlerstromauslösung zum Bedürfnis einer erleichterten Betriebsführung geworden, besonders da, wo man infolge der steten Leistungssteigerung gezwungen ist, selbst in den kleinsten und entfernt gelegenen Stationen Primärrelais durch Sekundärrelais zu ersetzen. Durch ihre Einführung erübrigt sich die lästige Wartung der Hilfsstromquelle und der erforderlichen Walzenschalter, ganz abgesehen von deren Anschaffung. Dies dürfte wohl einer der wichtigsten Gründe sein, weswegen sich die Wandlerstromauslösung in den letzten Jahren in den Kabelnetzen der Städte und der Industrie, ferner in den Mittelspannungsfreileitungsnetzen, insbesondere in unbewachten Stationen, gut eingeführt hat. Die Wandlerstromauslösung wird heute in Verbindung mit Zeitsicherungen, mit Überstromzeitrelais und mit widerstandsabhängigen Relais verwendet.

Wünscht man, daß in solchen Stationen auch bei Erdschluß die Ölschalter auslösen, beispielsweise um einzelne Ringe zu trennen, so kann dies durch einen zusätzlichen Arbeitsstromauslöser, dessen Wicklung an die verkettete Spannung[1]) zu legen ist, durchgeführt werden. Die elektrische Steuerung (Zuschaltung) eines solchen Arbeitsstromauslösers pflegt man durch Relais mit oder ohne Zeitverzögerung vorzunehmen, die von der Nullpunktspannung oder von der Phasenspannung der Netzanlage über Fünfschenkelspannungswandler bzw. Erdungsdrosselspulen erregt werden.

11. Anzeigeeinrichtungen, Selbstüberwachung und Kontrolle der Relais.

Die Selektivschutzeinrichtungen dienen bekanntlich zur Erhöhung der Betriebssicherheit der elektrischen Anlagen. Je

[1]) Die verkettete Spannung bricht bei einfachem Erdschluß nicht zusammen.

mehr ihre Bedeutung allgemein bekannt wird, um so umfang-
reicher wird auch ihr Aufgabenkreis bemessen. Man verlangt
heute von den Schutzeinrichtungen nicht nur das selektive
Abtrennen der beschädigten Anlageteile, sondern auch die
Kennzeichnung der Art und der ungefähren Lage des Fehlers.

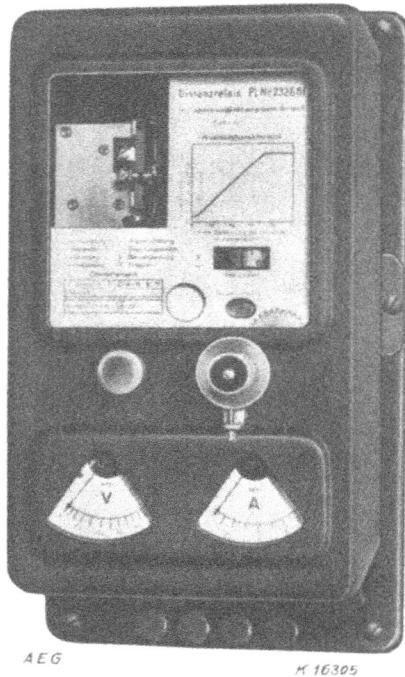

Abb. 38. Distanzrelais der AEG (neue Ausführung).

Ferner wird die Überwachung der eigenen Betriebsbereitschaft
von den Schutzeinrichtungen gefordert. So kann allein schon
an Hand der im Betrieb ausgelösten Fallklappen eines Satzes
Distanzrelais geschlossen werden, ob der Kurzschluß zwei- oder
dreipolig war. Bei zweipoligem Schluß fällt nur eine Klappe[1]),
während bei dreipoligem gewöhnlich drei Klappen zum Vor-
schein kommen. Die ausgelösten Fallklappen übernehmen

---

[1]) Siehe Abschnitt „Zwei- und dreipolige Ausrüstung".

54

gleichzeitig die Kontrolle der richtigen Arbeitsweise des Auslösekreises, sowohl bei der Gleichstrom- als auch bei der
Wandlerstromauslösung. Schleppzeiger an den Relais oder
getrennte Zeitschreiber geben die Arbeitszeit der Relais
und mithin den ungefähren Fehlerort an. Die Überwachung

Abb. 39. Distanzrelais der BBC.

der Betriebsbereitschaft der Distanzrelais nebst Zuleitungen
einschließlich der Strom- und Spannungswandler wird von den
einzelnen Elementen der Relais übernommen. So wird der
»Spannungskreis« vom Spannungselement, der Stromkreis vom
Stromelement und die Energierichtung vom Richtungsglied
der Relais sichtbar kontrolliert (vgl. die Abb. 38 bis 41). Die
Kontrolleinrichtungen sind an diesen Abbildungen deutlich

erkennbar. Bei einigen Ausführungen von Distanzrelais ist diese Überwachung selbsttätig und dauernd, bei anderen ist sie nur durch Betätigung eines Prüfknopfes bzw. eines Prüfschalters möglich. Neuerdings ist man bestrebt, die Kontakte der Relais von außen sichtbar zu machen und Einrichtungen vorzusehen, um sie auch von außen zu überprüfen. Nicht ganz so scharf sind die Bedingungen für Überstromzeitrelais, doch

Abb. 40. Distanzrelais der Dr. Paul Meyer A.-G.

werden auch hier Fallklappen bzw. Schleppzeiger sowie die Sichtbarkeit der Kontakte immer mehr verlangt.

Bei den meisten Elektrizitätswerken hat sich inzwischen die Erkenntnis durchgesetzt, daß auf die Wartung der Schutzeinrichtungen mit Rücksicht auf eine geregelte Energieerzeugung, -übertragung und -verteilung besonderer Wert gelegt werden muß. Man hält zu diesem Zweck Spezialingenieure und Revi-

soren, denen die Betreuung und Überwachung der Schutzeinrichtungen obliegt. Besonderer Wert wird dabei auf die Kontrolle des Auslösekreises einschließlich der Schlüpfkupplungen
der Ölschalter, auf die Einhaltung der Arbeitszeiten bzw. Aus-
lösecharakteristiken, auf die Arbeitsfähigkeit der Kontakte und
der Kinematik der einzelnen Glieder sowie der Gesamtkinematik
der Relais gelegt. Die Nacheichung der Relais wird gewöhnlich
an Ort und Stelle mit besonderen Relaisprüfeinrichtungen
vorgenommen, seltener im Relais- oder Zählerlaboratorium.

Abb. 41. Distanzrelais von S. & H.
(Das Richtungsglied befindet sich in einem getrennten Kasten, siehe Abb. 29).

Die Primäreichung ist der Sekundäreichung vorzuziehen,
da dadurch auch die Wandler samt den Leitungen in die Kontrolle einbezogen werden.

Sehr hohe Anforderungen sind an die Schutzeinrichtungen
der vollautomatischen Stationen zu stellen, in denen die Relais
infolge eines Versagers selbst zu den größten Störungen Veranlassung geben können. Hier muß die Überprüfung der Relais oft und gründlich durchgeführt werden. In den Vereinigten
Staaten werden bei einigen Werken die Relaiskontrollen in
derartigen Stationen fast täglich vorgenommen. Man mißt dabei auch den Druck der Relaiskontakte mittels besonders dafür
geschaffener Waagen.

12. Unterlagen für die Projektierung.

Die Grundlage für die Projektierung von Selektivschutz-einrichtungen nach dem Widerstandsprinzip bildet ein Netzplan, in dem sämtliche Stationen und Leitungen eingetragen sind. Zur Ermittlung der Leitungsimpedanzen müssen Länge, Querschnitt und Material der Leiter angegeben werden. Ferner ist die Kenntnis der Nennleistung, des Übersetzungsverhältnisses und der prozentualen Kurzschlußspannung der zwischen den Generatoren und dem Netz liegenden Transformatoren erforderlich. Von den vorhandenen Stromwandlern sind Übersetzungsverhältnis, Leistung und Bauart zwecks Feststellung ihrer Eignung für Selektivschutz anzugeben. Für die Einstellung des Ansprechgliedes der Relais, z. B. des Überstrommagneten, und auch zur Bestimmung der Abschaltzeit ist die ungefähre Größe des minimalen und maximalen Kurzschlußstromes zu ermitteln. Zur Bestimmung des minimalen Kurzschlußstromes wird die Angabe des geringsten Maschineneinsatzes in den Zentralen und des Erregerzustandes der Generatoren bei geringster Belastung benötigt. Sind die Generatoren mit Stromreglern versehen, die bei Kurzschluß die Erregung schwächen, so muß auch deren Einstellung berücksichtigt werden, da sie von wesentlichem Einfluß auf die Größe des Kurzschlußstromes ist.

Für die Projektierung einer Selektivschutzeinrichtung sind im allgemeinen die folgenden Angaben erforderlich:

1. Betriebsspannung.
2. Frequenz.
3. Material der Freileitungen oder Kabel.
4. Querschnitt der Freileitungen oder Kabel.
5. Länge der Freileitungen oder Kabel.
6. Anzahl der Kraftwerke und ihre Nennleistungen.
7. Geringster, höchster und normaler Maschineneinsatz in den einzelnen Kraftwerken.
8. Besitzen die Generatoren automatische Spannungsregler?
9. Besitzen die Generatoren Stromregler zur Begrenzung des Kurzschlußstromes?

10. Strom- und Zeiteinstellung der Überstromzeitrelais an den Generatorenölschaltern.

11. Anzahl der zwischen den Generatoren und dem mit Distanzrelais auszurüstenden Netz liegenden Transformatoren.

12. Prozentuale Kurzschlußspannung und Leistung dieser Transformatoren.

13. Strom- und Zeiteinstellung der Überstromzeitrelais an den Transformatorenölschaltern.

14. Anzahl der Ölschalter in den betreffenden Stationen und Herstellerfirma.

15. Anzahl der vorhandenen Stromwandler, Einbauort, Modell, Leistung und Übersetzungsverhältnis.

16. Anzahl der vorhandenen Spannungswandler, Einbauort, Modell, Leistung und Übersetzungsverhältnis.

17. Ist der Sternpunkt des Netzes kurzgeerdet oder nicht?

18. Mastform der Freileitungen.

C. Stoß- und Dauerkurzschlußstrom in Drehstromnetzen.

a) Allgemeines.

Nach jedem plötzlichen Kurzschluß treten bekanntlich in einem Netz elektromagnetische Ausgleichvorgänge auf, die je nach der Bauart der speisenden Maschinen und je nach der Lage und Art des Kurzschlusses praktisch 1 bis 3 s dauern. Während dieser Zeit vollzieht sich ein Abbau des ursprünglichen magnetischen Hauptfeldes im Luftspalt der Maschinen. Dieser Abbau findet erst dann ein Ende, wenn sich der Gleichgewichtszustand zwischen der vom restlichen Hauptfeld in der Statorwicklung induzierten Spannung und dem Ohmschen und induktiven Spannungsabfall des gesamten Kurzschlußstromkreises hergestellt hat. Somit entsteht ein neuer stationärer Zustand, welcher gewöhnlich erst durch das Abschalten des betroffenen Anlageteiles wieder aufgehoben wird. Dieser stationäre Zu-

stand wird natürlich im gewissen Sinne auch durch die selbsttätigen Regler des mechanischen und elektrischen Teiles der
Maschinen beeinflußt.

b) Stoßkurzschlußstrom.

Den Kurzschlußstrom unterscheidet man nach seinem
zeitlichen Verlauf in Stoßkurzschlußstrom und Dauerkurzschlußstrom. Der Stoßkurzschlußstrom beginnt unmittelbar nach Eintritt des Kurzschlusses und klingt allmählich, wie schon erwähnt, in etwa 1 bis 3 s auf einen stationären
Wert ab. Der letztere wird Dauerkurzschlußstrom genannt.

Der Stoßkurzschlußstrom setzt sich im wesentlichen aus
folgenden Komponenten zusammen:

a) dem Wechselstromanteil des Ausgleichstromes,

b) dem Gleichstromanteil des Ausgleichstromes,

c) dem Dauerkurzschlußstrom.

Das Ziel der Berechnung des Stoßstromes ist lediglich die Ermittlung der ersten Amplitude beim ungünstigsten Schaltmoment. Der Stoßkurzschlußstrom hat bei drei-, zwei- und
einpoligem Schluß praktisch die gleiche Größe und ist lediglich von der Höhe der Betriebsspannung, von der Streuung der speisenden Maschinen und von der Reaktanz bzw.
Impedanz der äußeren Kurzschlußbahn, der sog. Netzreaktanz bzw. Netzimpedanz, abhängig. Der Stoßstromhöchstwert
beträgt beim Klemmenkurzschluß moderner Generatoren im
ungünstigsten Falle das 15fache der Amplitude des Nennstromes, welcher Wert einer Streuspannung beim Nennstrom
von 12⁰/₀ der Nennspannung entspricht. Bei den Maschinen
älterer Ausführung können die maximalen Stromspitzen das 30-
bis 40-fache der Amplitude des Nennstromes erreichen. Den Verlauf des Stoßkurzschlußstromes zeigt ganz allgemein die Abb. 42.

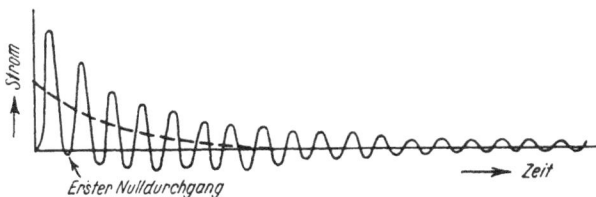

Abb. 42. Prinzipieller Verlauf des Stoßkurzschlußstromes.

in welcher außer der Kurve des resultierenden Stromes auch die des Gleichstromanteils aufgezeichnet ist[1]). Das Gleichstromglied verschwindet hier schon in etwa 8 Per.; im allgemeinen verschwindet es in etwa 0,3 s nach Auftreten des Kurzschlusses. Übrigens erreicht der Gleichstromanteil nur 80°/₀ der Höhe des Wechselstromanteiles. Der vollständige Übergang des Stoßkurzschlußstromes auf den Dauerkurzschlußstrom vollzieht sich bei dreipoligem Schluß etwa nach der Zahlentafel I.

Zahlentafel I.

Abklingen des Stoßkurzschlußstromes in Vielfachen vom Scheitelwert des Nennstromes.

in s	Turbogenerator	Schenkelpolgenerator
0	15	15
0,25	5,3	8,8
0,5	4	6,5
1,0	2,5	4,4
2,5	1,6	3,6
5,0	1,6	3,2

Der zwei- und der einpolige Stoßkurzschlußstrom klingen infolge ihrer schwächeren Ankerrückwirkung etwas langsamer ab. Die Formeln für die Berechnung des Stoßstromes sind im Abschnitt »Stoßkurzschlußstrom bei zwei- und dreipoligem Schluß« auf S. 81 enthalten.

Als speisende Maschinen für den Stoßkurzschlußstrom gelten:

Alle Synchrongeneratoren und -motoren,
alle Einankerumformer,
Asynchronmotoren über 1000 kW.

c) Dauerkurzschlußstrom.

Der Dauerkurzschlußstrom ist außer von der Streureaktanz der Generatoren und der Netzreaktanz von der Ankerrückwirkung, der Erregung und der Sättigung der Maschinen abhängig. Er ist bei vollerregten Generatoren bei drei-, zwei- und einpoligem Schluß im Gegensatz zum Stoßkurzschlußstrom verschieden groß, was auf die Verschiedenheit der Stärke

---

[1]) Die Kurve ist den R.E.II. des VDE entnommen.

seiner Ankerrückwirkung bei den drei Kurzschlußarten zurückzuführen ist. Der Dauerkurzschlußstrom wird stets als Effektivwert angegeben. Zur angenäherten Berechnung des Dauerstromes bei Klemmenkurzschluß ist der Nennstrom der betreffenden Maschine mit dem in Zahlentafel II enthaltenen Faktor zu multiplizieren.

Zahlentafel II.

Größe des Kurzschlußverhältnisses $\dfrac{I_k}{I_n} = m_d$

Kurzschluß	Turbogenerator	Schenkelpolgenerator
dreipolig	1,6	3,2
zweipolig	2,4	4,8
einpolig	4	8

In Netzen mit nicht kurzgeerdetem Sternpunkt gilt der zweipolige Kurzschluß hinsichtlich der Stromstärke als der ungünstigste. Netze mit kurzgeerdetem Sternpunkt werden hier nicht berücksichtigt, da sie in Deutschland nicht vorkommen und im Ausland im Abnehmen begriffen sind. Doppelerdschlüsse gelten als zweipolige Kurzschlüsse. Für die genaue Berechnung des zwei- und dreipoligen Dauerkurzschlußstromes sind im Kapitel D Formeln und sonstige erforderlichen Unterlagen angegeben.

Bei der Berechnung der thermischen Beanspruchung wird allgemein nur der Dauerkurzschlußstrom (Effektivwert) berücksichtigt. In den Fällen, in denen sich große Stoßströme ergeben, ist es erforderlich, auch den Stoßkurzschlußstrom zu berücksichtigen.

Als speisende Maschinen für den Dauerkurzschlußstrom sind anzusehen:

Alle Synchrongeneratoren,

alle Synchronmotoren und Einankerumformer, wenn sie weiter angetrieben werden.

Die Asynchronmotoren liefern bei dreipoligem Schluß keinen Dauerkurzschlußstrom, weil sie kein selbständiges Feld haben. Sie entwickeln jedoch ein solches bei zweipoligem Schluß, was durch die Wirkung ihres Restfeldes und der gesunden Phase bewirkt wird. Näheres über die Erhöhung der

Kurzschlußströme durch Asynchronmotoren und Umformer ist im Anhang zu § 26 der »Regeln für Konstruktion, Prüfung und Verwendung von Wechselstrom-Hochspannungsgeräten für Schaltanlagen« (R.E.H. des VDE) enthalten.

d) Begrenzung der Höhe des Kurzschlußstromes.

Es ist bekannt, daß die selbsttätigen Spannungs- und Stromregler keinerlei Einfluß auf die erste Spitze des Stoßstromes haben, welche für die dynamische Beanspruchung der Anlageteile maßgebend ist. Nur die thermische Wirkung wird, wenn man von der Schnellentregung durch sofortiges Öffnen des Induktorkreises absieht, durch die selbsttätigen Stromregler herabgesetzt. Diese Regelart hat jedoch den Nachteil, daß sie, wenn nicht gerade die rotierende Maschinenleistung sehr groß ist, eine erhebliche Absenkung der Netzspannung herbeiführt; weitere Folgen sind das Herausfallen von Umformern und Motoren sowie die Pendelungen bzw. das Außertrittfallen der Generatoren usw. Anderseits können durch die Stromregler die Kurzschlußströme im Netz, die nachts und an Sonntagen sehr klein sein können, noch weiter herabgedrückt werden, so daß die Ansprechglieder bestimmter Ausführungen von Relais nicht mehr in Tätigkeit treten. Die selbsttätigen Spannungsregler sind bei allen Generatoren erforderlich. Bei großer rotierender Maschinenleistung, etwa über 40000 kVA, ist es unter Umständen empfehlenswert, die Spannungsregler im Kurzschlußfalle durch selbsttätige Stromregler außer Betrieb setzen. Die selbsttätigen Stromregler braucht man bei kleiner Zentralenleistung überhaupt nicht, da die Anlageteile dann kaum gefährdet sind. Die Generatoren selbst halten ihre eigenen Kurzschlußströme bis zur selbsttätigen Abschaltung durch die Relais auch bei Übererregung anstandslos aus.

Die Bedeutung der Stromregler für Generatoren ist im Sinken, da bei heutigen Netzen diese doch nicht im ausreichenden Maße eine Reduktion der Kurzschlußstromstärke ermöglichen, vor allem aber, weil sie die Stabilität des Betriebes gefährden. Die kommende Entwicklung ist vielmehr die, daß man die Generatoren im Falle eines Netzkurzschlusses auferregen wird, um ein Außertrittfallen der Maschinen zu verhindern.

Die wirksamste Begrenzung der Höhe des Kurzschlußstromes erzielt man durch die Unterteilung der Sammelschienen
mit und ohne Reaktanzspulen und durch den Einbau von Reaktanzspulen an den besonders gefährdeten Stellen des Netzes.
Diese Einrichtungen gestatten bei sachgemäßer Projektierung
sowohl den Stoß- als auch den Dauerkurzschlußstrom, mithin
die dynamischen und thermischen Wirkungen in bestimmten
Grenzen zu halten. Sie wirken außerdem beruhigend auf das
Netz während der Kurzschlußdauer. Die Herabdrückung des
Dauerkurzschlußstromes ist dann erforderlich, wenn die eingebauten Ölschalter der Abschaltleistung, die Kabel und sonstige Anlageteile der thermischen Beanspruchung nicht gewachsen sind. Dies trifft besonders für die Abzweige mit geringen Leiterquerschnitten und für Stromwandler mit niedriger
Primärstromstärke zu. Im Kapitel G wird hierauf an Hand
eines Beispieles noch näher eingegangen.

Einen neuen Weg zur Begrenzung hoher Kurzschlußströme
bieten die von K. Küppers vorgeschlagenen temperaturver-
änderlichen Ohmschen Widerstände, die ihren Widerstands-
wert bei Auftreten eines Kurzschlusses durch Temperatur-
steigerung vervielfachen (siehe ETZ 1929, Heft 19). Aus wirt-
schaftlichen Gründen ist die Anwendung dieser Widerstände
jedoch nur in Netzen mit sehr niedriger Spannung (höchstens
500 V) möglich.

D. Grundlagen zur Berechnung der Kurzschluß-
ströme in Drehstromnetzen.

1. Einführung.

Der Ermittlung der Kurzschlußströme wird gewöhnlich
eine konstante Erregung entsprechend der Vollast der Maschinen bei einem bestimmten cos φ zugrunde gelegt. Besitzen die Generatoren selbsttätige Spannungs- und Stromregler, die bei Kurzschluß die Spannung erhalten oder herab-
drücken wollen, indem sie die Erregung verstärken oder
schwächen, so muß der errechnete Kurzschlußstrom entsprechend erhöht oder reduziert werden.

Bei der Berechnung der Kurzschlußströme in Hochspannungsnetzen werden die Übergangswiderstände an den Kontaktstellen, die Widerstandserhöhung durch Erwärmung, die induktiven Widerstände der Primärrelais der Stromwandler, der Überspannungsdrosselspulen, öfter auch der Lichtbogenwiderstand vernachlässigt, da sie nur unwesentlich die Reaktanz bzw. Impedanz des gesamten Kurzschlußstromkreises vergrößern. Anders liegen die Verhältnisse in den Niederspannungsnetzen mit einer verketteten Spannung von 500 V abwärts. Hier müssen die gesamten Widerstände unbedingt berücksichtigt werden, da man sonst mitunter den dreifachen Wert des wirklichen Kurzschlußstromes errechnen würde. Diese Tatsache ist an Hand zahlreicher oszillographischer Aufnahmen bei Versuchen mit Kleinautomaten in ausgeführten Anlagen festgestellt worden.

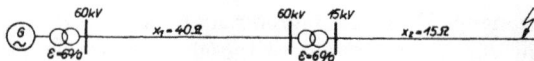

Abb. 43.

Zur Errechnung der Kurzschlußströme für irgendeine Stelle des Netzes werden zweckmäßig sämtliche im Kurzschlußpfade liegenden Reaktanzen je Phase ermittelt und danach auf die Nennspannung des gestörten Zweiges bezogen. Die Umrechnung der Reaktanzen auf eine einheitliche Spannung erfolgt durch Multiplikation des umzurechnenden Wertes mit dem Quadrat des Übersetzungsverhältnisses der Transformatoren. So beträgt z. B. in Abb. 43 die Reaktanz der 60 kV-Leitung von $x_1 = 40\ \Omega$ nach erfolgter Umrechnung auf die Nennspannung der 15 kV-Leitung:

$$x_1{}^1 = x_1 \cdot \frac{U_2{}^2}{U_1{}^2} = 40 \cdot \frac{15\,000^2}{60\,000^2} = 2{,}5\ \Omega.$$

Die Reaktanzen der Generatoren und Transformatoren bedürfen keiner besonderen Umrechnung, da man sie vorteilhaft von vornherein auf die Nennspannung des gestörten Zweiges bezieht. In schwach vermaschten Kabelnetzen kann der Ohmsche Widerstand unter Umständen — insbesondere bei entfernt liegenden Kurzschlüssen — den induktiven Widerstand des gesamten Kurzschlußstromkreises beträchtlich überwiegen. In solchen Fällen ist es erforderlich, die resultierenden Ohmschen und induktiven Widerstände geometrisch zu addieren. Im allgemeinen werden die Kurzschlußströme durch die Wirkung der üblichen Ohmschen Widerstände nur wenig verkleinert.

Für die Berechnung des Doppelerdschlußstromes sind die allgemeinen Berechnungsarten des zweipoligen Kurzschlusses maßgebend, nur muß bei Doppelerdschluß die Reaktanz der zwischen beiden Fehlerorten befindlichen Schleife zusätzlich zur normalen Reaktanz in die Rechnung eingesetzt werden. Die Transformatorenschaltung und -bauart haben hierbei keinen Einfluß auf die Höhe des Kurzschlußstromes.

Bei stark vermaschten Netzen ist es unter Umständen empfehlenswert, den Kurzschlußstrom in dem betroffenen Anlageteil so zu berechnen, als würde an den zugehörigen Sammelschienen die volle verkettete Betriebsspannung aufrecht erhalten werden.

Liegen zwischen den speisenden Maschinen und der Kurzschlußstelle verhältnismäßig hohe Widerstände, so daß die Maschinen im Kurzschlußfalle noch eine relativ hohe Klemmenspannung aufweisen, so muß auch der Laststrom in dem gesunden Netzteil berücksichtigt werden, welcher durch vektorielle Addition mit dem Kurzschlußstrom an der Kurzschlußstelle den gesamten Maschinenstrom ergibt.

2. Nennstrom eines Generators bzw. eines Transformators.

Der Nennstrom eines Generators oder Transformators beliebiger Drehstromschaltung ergibt sich aus der bekannten Beziehung:

$$I_n = \frac{N}{\sqrt{3} \cdot U} \quad \cdots \cdots \cdots (17)$$

in der

I_n den Nennstrom in A,
N die Nennleistung in VA,
U die verkettete Spannung in V

bedeuten.

Der Nennstrom wird weiter unten zur Ermittlung der Reaktanzen von Generatoren, Transformatoren und Kurzschlußdrosselspulen benötigt. Als Nennstrom gilt der nach außen abgegebene Strom je Phasenleiter. Bei der Dreieck-schaltung weicht bekanntlich der gleichzeitig in jeder Ma-schinen- oder Transformatorenwicklung fließende Strom hier-von ab.

3. Streureaktanz und Ankerreaktanz eines Drehstrom-generators je Phase.

Eine leerlaufende Maschine liefert bei dreipoligem Klem-menkurzschluß einen Dauerkurzschlußstrom

$$I_k = \frac{U}{\sqrt{3} \cdot x_0} = \frac{U}{\sqrt{3}\,(x_a + x_s)} \quad \ldots \ldots \text{(18)}$$

Daraus folgt:

$$x_a + x_s = \frac{U}{\sqrt{3} \cdot I_k} = \frac{U}{\sqrt{3} \cdot I_n \cdot m_d^{III}}.$$

Hierin bedeuten:

U die verkettete Spannung in V,

I_n den Nennstrom in A,

I_k den Kurzschlußstrom bei Leerlauferregung in A,

m_d^{III} das Kurzschlußverhältnis bei dreipoligem Schluß,

x_s die Streureaktanz in Ω,

x_a die Ankerreaktanz in Ω.

Im Mittel ist

für Turbogeneratoren:

$$m_d^{III} = \frac{I_k}{I_n} = 0,7,$$

für Schenkelpolgeneratoren:

$$m_d^{III} = 0,8.$$

Ältere Maschinen haben oft ein größeres Kurzschlußver-hältnis.

Die Streureaktanz ergibt sich aus der Beziehung:

$$x_s = \frac{U}{\sqrt{3} \cdot I_n} \cdot \frac{\varepsilon_s}{100} \quad \ldots \ldots \ldots \text{(19)}$$

ε_s ist die relative Gesamtstreuspannung; sie wird bei der Be-rechnung des Dauerkurzschlußstromes angewendet. Für sie gilt als roher Mittelwert:

$$\varepsilon_s = 24\%.$$

Soll jedoch nur die Ständerstreuspannung berücksichtigt werden, z. B. für die Berechnung des Stoßkurzschlußstromes, so setzt man

$$\varepsilon_s = 15\%.$$

Die Ankerreaktanz ist im Gegensatz zur Streureaktanz eine reine Rechnungsgröße. Durch Einführung dieser Größe wird die Ankerrückwirkung beim Dauerkurzschlußstrom berücksichtigt. Sie kann errechnet werden nach:

$$x_a = \frac{U}{\sqrt{3} \cdot I_n \, m_d^{III}} - x_s \quad \cdots \cdots \quad (20)$$

4. Reaktanz eines Transformators je Phase.

Die Reaktanz eines beliebig geschalteten Drehstromtransformators ergibt sich je Phase in Ω aus der Gleichung:

$$x_T = \frac{U}{\sqrt{3} \cdot I_n} \cdot \frac{\varepsilon}{100}, \quad \cdots \cdots \cdots \quad (21)$$

in der

ε die prozentuale Kurzschlußspannung, bezogen auf die Nennspannung,

bedeutet.

Vielfach wird auch die Formel:

$$x_T = \frac{U^2 \cdot \varepsilon}{N \cdot 100} \quad \cdots \cdots \cdots \quad (22)$$

angewendet, in der die Nennleistung N in VA einzusetzen ist.

5. Reaktanz einer Kurzschlußdrosselspule je Phase.

Für die Auslegung der Reaktanzspulen wird gewöhnlich ein bestimmter Spannungsabfall zugrunde gelegt. In solchen Fällen ermittelt man den induktiven Widerstand je Phase in Ω aus der Gleichung:

$$x_D = \frac{U}{\sqrt{3} \cdot I_n} \cdot \frac{\varepsilon}{100}, \quad \cdots \cdots \cdots \quad (23)$$

in der ε den Spannungsabfall in $\%$ der Nennspannung beim Nennstrom I_n bedeutet.

Legt man von vornherein den höchsten Strom zugrunde, den die entfernt vom Kraftwerk liegende Reaktanzspule im Kurzschlußfalle — die Zentralenleistung sei unendlich groß —

durchlassen darf, so ergibt sich die Reaktanz je Phase aus der Beziehung:

$$x_D = \frac{U}{\sqrt{3} \cdot I_d^{III}}.$$

I_d^{III} Dauerkurzschlußstrom bei dreipoligem Schluß.

Die Induktivität der Spule in II ergibt sich aus der Beziehung:

$$x_D = \omega L;$$

$$L = \frac{x_D}{\omega}$$

oder in mH

$$L = \frac{x_D \cdot 1000}{\omega}.$$

6. Reaktanz einer Freileitung je km und Phase.

Die Reaktanz einer Freileitung je Phase und km erhält man in Ω aus der Beziehung:

$$x_L = \omega L = 314 \cdot 1{,}27 \cdot 10^{-3} \cong 0{,}4 \, \Omega \ldots \ldots (24)$$

worin

ω die Kreisfrequenz $= 2 \pi f$,

L die Induktivität $= 1{,}27 \cdot 10^{-3}$ Henry/km

bedeuten.

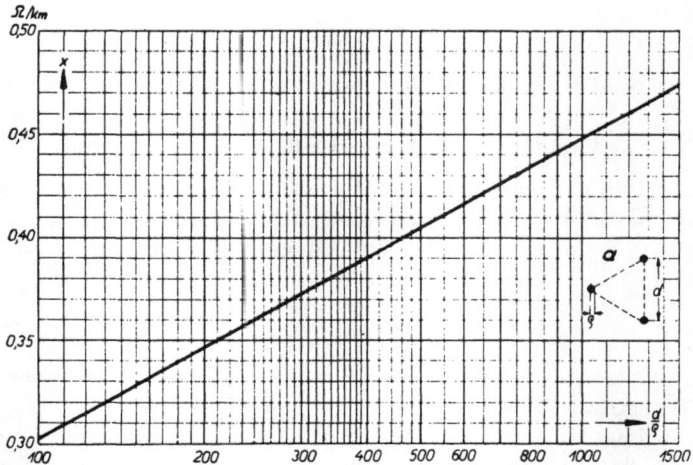

Abb. 44. Reaktanz je km und Phase von Einfach-Drehstromfreileitungen bei 50 Hz.

Die Reaktanz $x_L = 0,4\,\Omega$ je km und Leiter kann nur als Mittelwert angesehen werden. Genau läßt sich die Reaktanz nur dann bestimmen, wenn Angaben über Phasenabstand, Seilradius und Anordnung der Leiter zur Verfügung stehen. Formeln zur genauen Berechnung des induktiven Widerstandes von Freileitungen für verschiedene Leiteranordnungen sind in den entsprechenden Lehrbüchern der Elektrotechnik enthalten. In Abb. 44 sind die Reaktanzwerte für Einfachleitungen in Abhängigkeit von $\dfrac{d}{\varrho}$ aufgetragen. Darin bedeuten:

d Phasenabstand in cm,

ϱ Seilradius in cm.

Sind die Phasenabstände ungleich, so führt man das geometrische Mittel der einzelnen Entfernungen ein:

$$d = \sqrt[3]{d_{12} \cdot d_{23} \cdot d_{31}}.$$

Die gleiche Kurve gilt auch für Doppelleitungen, sofern die

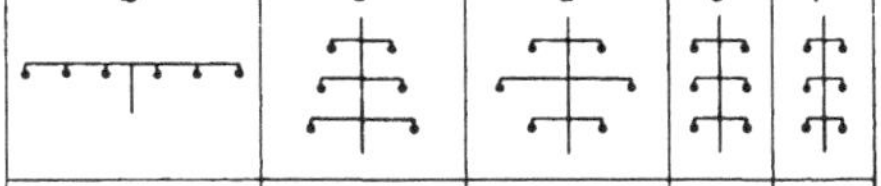

b	c	d	e	f
1,015	1,027 *)	1,038	1,036	1,067

Abb. 45. Umrechnungsziffern für einen Stromkreis bei Doppelleitungen.

*) Dieser Faktor gilt auch für die umgekehrte Tannenbaumanordnung.

Umrechnungstafel in Abb. 45 zur Korrektur herangezogen wird[1]). So beträgt z. B. für das Mastbild c bei $\dfrac{d}{\varrho} = 400$ der induktive Widerstand je km und Phase

eines Stromkreises des Doppelleitungssystems:

$$x_L = 0,39 \cdot 1,027 = 0,4\,\Omega,$$

beider Stromkreise des Doppelleitungssystems:

$$x_L = \frac{1}{2} \cdot 0,39 \cdot 1,027 = 0,2\,\Omega.$$

Die Verlegung eines oder mehrerer Erdseile sowie die Höhe der Leiter über Erde haben keinen Einfluß auf die Größe der

[1]) H. Langrehr, „AEG-Mitteilungen" 1927, Heft 11.

Reaktanz. Die Reaktanz einer Schleife Draht-Erde ist in Abb. 46 aufgetragen. Der induktive Widerstand einer solchen Schleife ist von der Höhenänderung der Leiter über Erde inner-

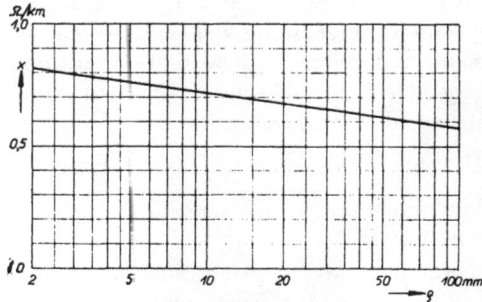

Abb. 46. Reaktanz einer Schleife Draht—Erde je km.

halb der üblichen Grenzen unabhängig. Bei Frequenzen, die von 50 Hz abweichen, jedoch nicht über 200 Hz, ist für ϱ (Seilradius in mm) der Abszissenwert

$$\varrho = \frac{f'}{50}$$

einzusetzen[1]).

7. Reaktanz eines Drehstromkabels je km und Phase.

Die Reaktanzwerte der Drehstromkabel in normaler Ausführung, d. h. Kabel mit Gürtelisolation, sowie solcher in H-Ausführung[2]), d. h. Kabel mit Metallisierung über der Papierisolation der einzelnen Leiter, sind aus den Kurventafeln der Abb. 47 und 48 ersichtlich. Sie stellen teils errechnete, teils gemessene Werte von mehreren deutschen Kabelwerken dar. Die Reaktanzwerte sind in den Kurventafeln der Bequemlichkeit halber in Funktion der Nennspannung, für welche die Kabel hergestellt sind, aufgetragen. Eigentlich müßte auf der Abszissenachse die Isolationsstärke, d. h. die Dicke der Isolierung zwischen den Leitern, angegeben sein, was jedoch aus praktischen Gründen nicht zu empfehlen ist, obwohl dadurch die physikalische Strenge leidet. Man berechnet den induktiven

[1]) O. Mayr, ETZ 1925, Heft 38.
[2]) Bauart nach Höchstädter.

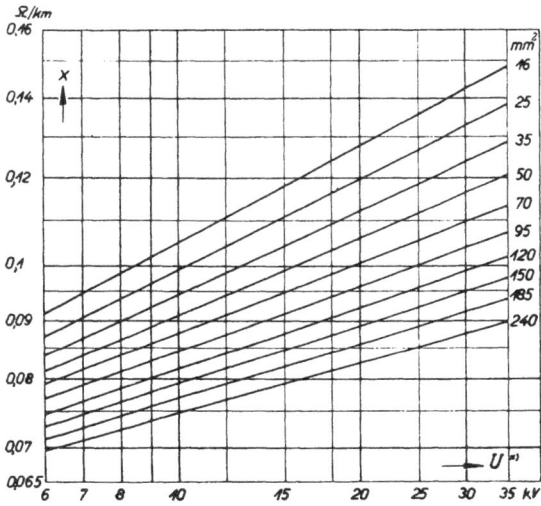

Abb. 47. Reaktanz je km und Phase von normalen Drehstromkabeln bei 50 Hz.

*) U ist die Nennspannung, für welche die Kabel hergestellt sind.

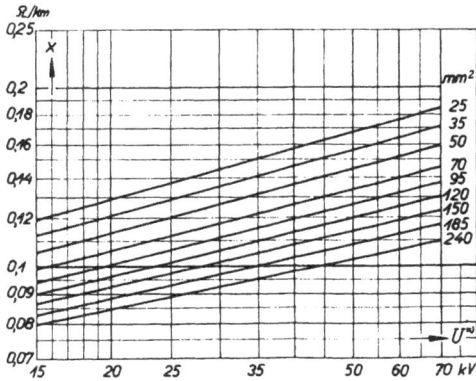

Abb. 48. Reaktanz je km und Phase von Drehstromkabeln
in H-Ausführung bei 50 Hz.

*) U ist die Nennspannung, für welche die Kabel hergestellt sind.

Widerstand eines Kabels je km und Phase, ebenso wie bei einer Freileitung, aus der allgemeinen Beziehung:

$$x_k = \omega\,L,$$

worin

L die Induktivität in H/km

bedeutet. Die Induktivität ergibt sich bekanntlich aus der Lage der Leiter zueinander, dem Leiterabstand und dem Radius der Leiter.

8. Ohmscher Widerstand einer Freileitung bzw. eines Kabels je km und Phase.

Der Ohmsche Widerstand eines Leiters berechnet sich aus der Formel:

$$r = \frac{l}{\varkappa \cdot F} \quad \cdots \cdots \cdots \quad (25)$$

Hierin bedeutet:

l Länge des Leiters in m,

F Querschnitt des Leiters in mm²,

$\varkappa$ Leitfähigkeit des Leitermaterials in Siemens $\dfrac{\mathrm{m}}{\mathrm{mm}^2}$:

a) bei Freileitungen

für Cu $\varkappa = 56$ ⎱ bei 15° C,
für Al $\varkappa = 32$ ⎰

b) bei Kabeln

für Cu $\varkappa = 51$ ⎱ bei 40° C.
für Al $\varkappa = 31.$ ⎰

In den vorstehenden Werten der Leitfähigkeit sind Drall, Durchhang und Materialbeschaffenheit berücksichtigt. Eine merkliche Zunahme des Ohmschen Widerstandes infolge des Skineffektes bei 50 Hz tritt erst bei Leiterquerschnitten über 200 mm² ein. Diese Zunahme ist um so stärker, je höher die Periodenzahl des Wechselstromes in der Zeiteinheit wird. Erheblicher ist das Anwachsen des Ohmschen Widerstandes durch Erwärmung bei Überlastung, bei Kurzschluß usw. So steigt z. B. der Wirkwiderstand eines Cu-Leiters bei einer Temperaturzunahme von 15° auf 65° C schon um 19%. Bei der üblichen Kurzschlußstromberechnung wird der Ohmsche Wider-

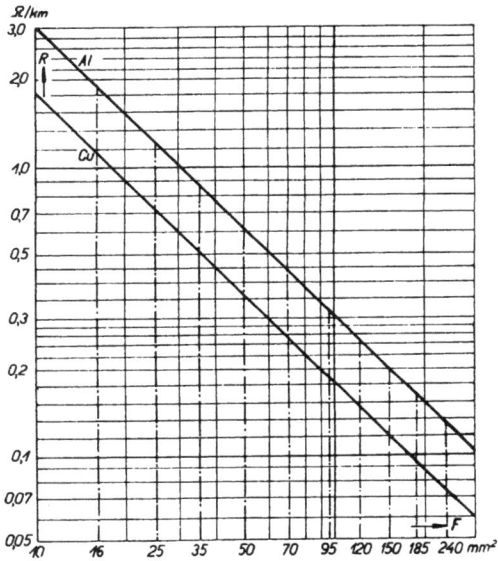

Abb. 49. Ohmscher Widerstand je km und Phase von Freileitungen.

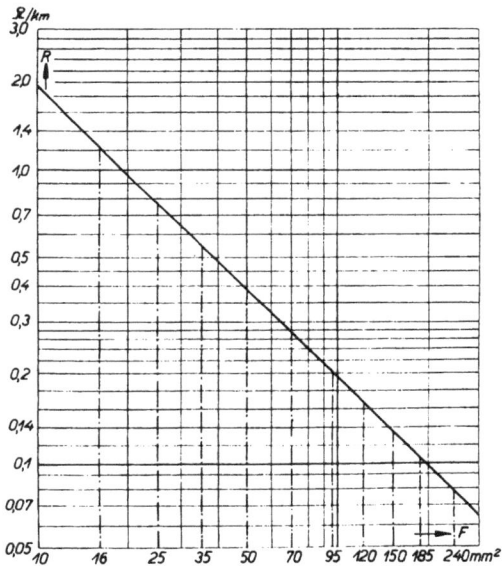

Abb. 50. Ohmscher Widerstand je km und Phase von Cu-Kabeln.

stand der Leitungen gewöhnlich vernachlässigt, so daß die
Ermittlung der Widerstandszunahme durch die Erwärmung
und den Skineffekt für diesen Fall belanglos ist.

Als Leitungsmaterial kommt in elektrischen Netzen prak-
tisch nur Kupfer und Aluminium zur Anwendung. Für klei-
nere Leiterquerschnitte, bis etwa 16 mm², wird Draht, für
stärkere Querschnitte werden Seile gewählt. Bei sehr hohen
Spannungen benutzt man für Freileitungen und Kabel auch
Hohlseile. In den Kurventafeln, Abb. 49 und 50, sind die
Ohmschen Widerstände von Freileitungen und Kabeln als
Funktion der Leiterquerschnitte aufgetragen.

9. Lichtbogenwiderstand bei Kurzschluß.

Der Widerstand im Lichtbogen ist vorwiegend Ohmscher
Natur. Seine Größe hängt stark von der Kurzschlußstromstärke von der Beschaffenheit der Elektroden, von der Licht

Abb. 51. Schwachlast-Lichtbogenkurzschluß in einem 15 kV-Freileitungsnetz

Abb. 52. Lichtbogenkurzschluß in einem 5 kV-Kabelnetz.

bogenlänge und von der Zeitdauer ab. Hohe Kurzschlußströme bewirken eine stärkere Ionisierung und Erhitzung der Lichtbogenbahn als kleine Kurzschlußströme. Bei hohen Strömen besteht daher ein niedrigerer Übergangswiderstand von Phase zu Phase. Der Lichtbogen wird durch die aus den Kratern der Fußpunkte herausschießenden Elektronen und Ionen gespeist. Richtung und Form des Lichtbogens werden in erheblichem Maße durch die elektrodynamische Kraftwirkung, den Wärmeauftrieb und den Wind beeinflußt.

In Netzen mit einer Betriebsspannung bis zu 30 kV ist der Lichtbogenwiderstand für die Messung des Scheinwiderstandes der Kurzschlußschleife durch Impedanzrelais vernachlässigbar klein, da hier die Kurzschlußströme relativ groß werden und die Leiterabstände verhältnismäßig gering sind. Kurzschlußversuche und praktische Erfahrungen in Netzen haben diese Annahme durchaus bestätigt. Der Verfasser konnte sich hiervon schon in den Jahren 1925 bis 1927 an etwa 70 Kurzschlüssen, die zwei- und dreipolig über Lichtbogen und metallisch in verschiedenen Netzen im Zusammenhang mit der Übergabe

von Distanzschutzeinrichtungen durchgeführt wurden, über-
zeugen. Die Abb. 51 zeigt einen Schwachlast-Lichtbogenkurzschluß in einem 15 kV-Freileitungsnetz, der durch einen Hilfs-
ölschalter eingeleitet wurde. In Abb. 52 ist ein Lichtbogenkurzschluß, durchgeführt im 5 kV-Kabelnetz der Rheinischen
Stahlwerke in Essen, gezeigt. Kurzschlußstromstärke etwa
2500 A, Elektrodenabstand ungefähr 4 cm, Lichtbogenwiderstand praktisch 0 Ω. Aus der Filmaufnahme Abb. 53 kann der
Verlauf des Lichtbogens der Abb. 52 verfolgt werden. Inter-
essant ist dabei, daß nach erfolgter Abschaltung des Kurzschlusses eine Feuerwolke aufsteigt.

Anders liegen die Verhältnisse in Höchstspannungsnetzen,
bei denen die Kurzschlußströme im allgemeinen kleiner ausfallen und die Leiterabstände verhältnismäßig groß sind. Hier
können die Lichtbogenwiderstände sehr groß werden, insbesondere kurz vor dem Abreißen des Lichtbogens. Einen Anhalt
über Lichtbogenwiderstände bei Kurzschluß in Netzen über
30 kV gibt die Zahlentafel IV. Die Unterlagen zu dieser Zahlentafel wurden dem Verfasser von den genannten Firmen in dan-
kenswerter Weise zur Verfügung gestellt.

Der Einfluß des Lichtbogenwiderstandes auf die Arbeitszeit der Impedanzrelais macht sich erst in Netzen mit einer
Betriebsspannung von 50 kV aufwärts unliebsam bemerkbar
und auch nur dann, wenn geringe Belastungen vorliegen, z. B.
an Sonntagen und nachts. Der Lichtbogenwiderstand kann in
solchen Fällen je nach der Lage des Fehlers und der Größe des
Kurzschlußstromes den Scheinwiderstand der kurzschlußbehaf-
teten Teilstrecke erheblich vergrößern und damit die Arbeitszeit der Relais um etwa 0,5 bis 1 s verlängern. Um diesem
Übelstand zu begegnen, wurden im Jahre 1928 von einigen
Firmen widerstandsabhängige Relais auf den Markt gebracht,
bei denen nur der induktive Widerstand der Kurzschlußschleife
zur Wirkung kommt und der Lichtbogenwiderstand eliminiert
wird. Die durch die Oberwellen im Lichtbogen verursachte
fiktive Reaktanz wird von den Reaktanzrelais praktisch nicht
erfaßt. Über das Verhalten der Impedanz-, Reaktanz- und
Resistanzrelais bei Lichtbogenkurzschluß siehe auch den Abschnitt »Wirkungsweise der Ablaufglieder und Wahl der
Schutzart« auf S. 19.

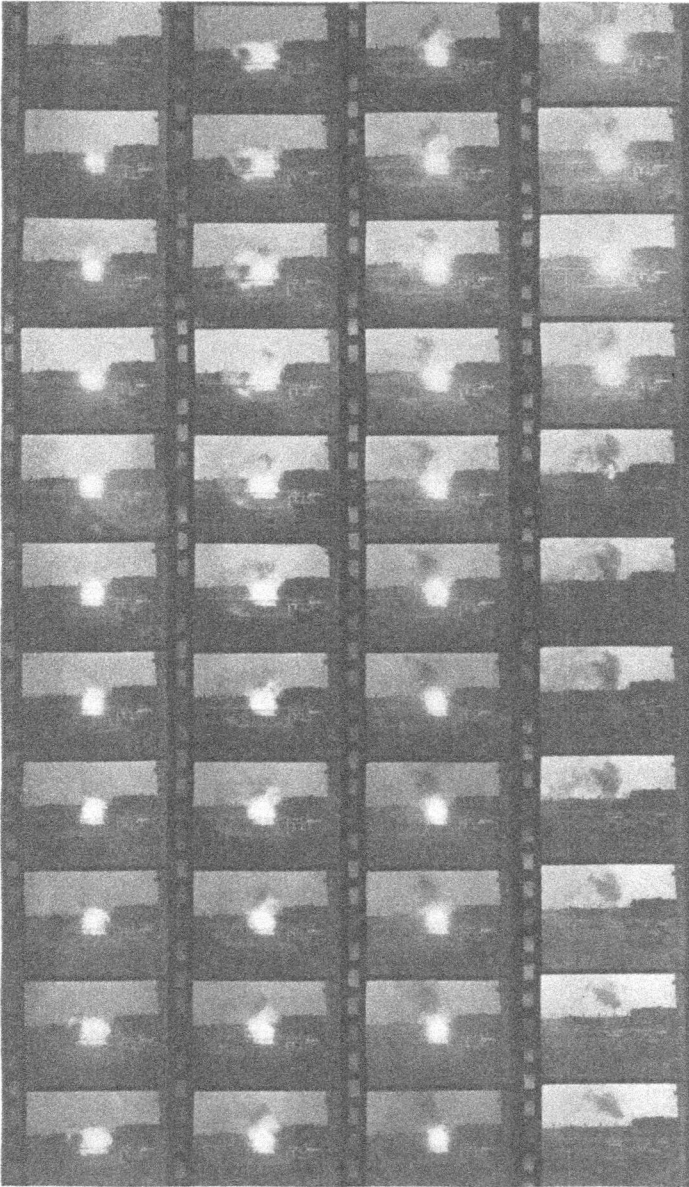

Abb. 53. Lichtbogenkurzschluß in einem 5 kV-Kabelnetz. Filmaufnahme.

Zahlentafel IV.

Firma	Frequenz	Nennspannung des Netzes in kV	Leiterabstand in m	Stromstärke in A	Maximale Lichtbogenspannung in kV	Maximale Lichtbogenlänge in m	Lichtbogenwiderstand in Ohm	Lichtbogendauer in s	Länge der Versuchsleitung in km	Nennleistung der speisenden Maschinen in kVA	Belastung der Generatoren bei Eintritt des Kurzschlusses	Bemerkungen
Elektrizitätswerk Basel	50	45	1,2	150 bis 200	etwa 10	5 bis 10	0 bis 50	2 bis 4	8	15000	?	Von 17 Lichtbogen ist nur einer von selbst abgerissen
Elektrizitätswerk Zürich	50	50	Hörnerableiter	150 bis 200	etwa 20	8 bis 16	0 bis 100	2 bis 5	50	16000	?	Von 15 Lichtbogen ist nur einer von selbst abgerissen
Bayernwerk A.-G.	50	100	3 m	115 / 82	10 / 23	4 bis 8	87 / 280	2 / 2	330 / 330	20000	unbelastet / belast. mit 15000 kW	
				140	10		72	2	330			
Schweizerische Bundesbahnen	16⅔	132		200 bis 400	70¹)	6 bis 8	20 bis 360	1 bis 3	158	10000	unbelastet	Mittelpunkt geerdet. Bei zweipoligen Kurzschlüssen ist etwa die Hälfte in 2—8 s von selbst abgerissen
A.-G. Sächsische Werke	50	40	0,58 ²)	250 / 270	2,8 / 3,2	4	11 / 12	1,3	27 ³)	25000	unbelastet Schnellregler in Betrieb	Durch Ölschalter abgeschaltet

¹) Beim Abreißen.   ²) Sammelschienenkurzschluß.   ³) Zuzüglich 49 km 100 kV-Leitung.

Abb. 54. Lichtbogenkurzschluß in einem 65 kV-Freileitungsnetz.

Bei den meisten Versuchen der Zahlentafel IV wurde festgestellt, daß entsprechend dem flatternden Aufsteigen und dem
wiederholten Zusammenfallen des Lichtbogens die Spannung
zu- und abnimmt. Kennzeichnend ist, daß die meisten Lichtbogen nicht von selbst abreißen, sondern daß sie nach Erreichen
einer gewissen Ausdehnung stehen bleiben. In Abb. 54 ist ein
derartiger Lichtbogenkurzschluß, durchgeführt beim Elektri-
zitätswerk Basel, wiedergegeben. Der zweipolig eingeleitete
Lichtbogenkurzschluß hat sich nach Beginn zum dreipoligen
ausgebildet. Dauer etwa 3 s, Lichtbogenspannung bis 8 kV
ansteigend, Stromstärke von 200 bis 150 A sinkend, Lichtbogenwiderstand 0 bis etwa 50 Ω.

10. Impedanz eines Anlageteiles je Phase.

Für die Projektierung von Selektivschutzeinrichtungen mit
Impedanzrelais ist die Ermittlung der Impedanzwerte der zu
schützenden Anlageteile, beispielsweise Kabel- und Freileitungsstrecken, erforderlich. Liegen die Ohmschen und induktiven Widerstände der Anlageteile bereits vor, so berechnet
man die Impedanz in Ω je Phase nach der Beziehung:

$$z = \sqrt{r^2 + x^2} \ \ \ \ \ \ \ \ (28)$$

Die Kapazitätswirkung wird bei der Kurzschlußstromberechnung vernachlässigt, da sie in den meisten Fällen praktisch

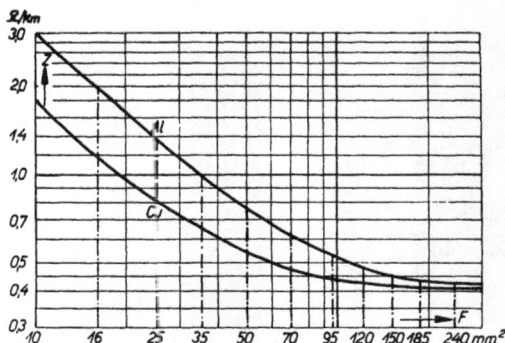

Abb. 55. Impedanz je km und Phase von Einfach-
Drehstromfreileitungen[1]) bei 50 Hz.

---

[1]) Für Doppelleitungen gelten praktisch die gleichen Werte.

keine Rolle spielt. Die Ermittlung der Impedanz von Drehstromfreileitungen kann an Hand der Abb. 55 auch graphisch
vorgenommen werden.

Zur Bestimmung der Kurzschlußströme genügt in der
Regel allein die Berücksichtigung der Reaktanzwerte. Nur in
Fällen, bei denen der Ohmsche Widerstand die Größenordnung
der Reaktanz des gesamten Kurzschlußstromkreises annimmt,
muß in die Rechnung die resultierende Impedanz des Kurz-
schlußpfades eingesetzt werden.

11. Stoßkurzschlußstrom bei zwei- und dreipoligem Schluß.

Der Stoßkurzschlußstrom hat, um es nochmals zu betonen,
bei drei- und zweipoligem Schluß praktisch die gleiche Größe.
Er ist nur von der Höhe der Betriebsspannung, von der
Streuung der Generatoren und den dämpfenden Widerständen
der äußeren Kurzschlußbahn abhängig.

Kurzschluß an den Klemmen der Generatoren.

Ist die relative Streuspannung ε_s der speisenden Maschinen bekannt, so läßt sich der Stoßstrom bei Klemmenkurzschluß der Maschinen mit Hilfe der nachstehenden bekannten Beziehung leicht ermitteln:

$$I_s = \varkappa \cdot \frac{100}{\varepsilon_s} \cdot I_n \cdot \sqrt{2} \quad \ldots \ldots \ldots (29)$$

Hierin bedeuten:

I_s Stoßkurzschlußstrom in A max.,

I_n Nennstrom in A eff.,

ε_s Relative Ständerstreuspannung,

$\varkappa \approx 1{,}8$ »Stoßziffer«, ein aus der ersten Stromspitze
empirisch gefundener Mittelwert, der sich nach
beiden Seiten um etwa 30% ändern kann.

Kurzschluß im Netz.

Liegen zwischen den Maschinen und der Kurzschlußstelle
dämpfende Widerstände wie Transformatoren, Kurzschlußdrosselspulen und Leitungen, so wird der Stromstoß je nach
der Größe der Reaktanzen bzw. Impedanzen entsprechend kleiner. Zur Ermittlung der Stoßströme in solchen Fällen bedient

82

man sich zweckmäßig der nachstehenden Formel, in der der Einfluß der Netzreaktanz berücksichtigt wird:

$$I_s = \varkappa \cdot \frac{100}{\varepsilon_s \left(1 + \dfrac{x_n}{x_s}\right)} \cdot I_n \cdot \textbf{|} \; 2 \quad \ldots \ldots \quad (29\text{a})$$

Hier ist:

x_n die Netzreaktanz.

Ist der Ohmsche Widerstand der Kurzschlußbahn von merklicher Höhe, so muß auch seine dämpfende Wirkung auf den Stoßstrom berücksichtigt werden. Dies geschieht dadurch, daß man im Nenner der vorstehenden Beziehung den Ohmschen und induktiven Widerstand des gesamten Kurzschlußstromkreises geometrisch addiert, wie folgende Formel es zeigt:

$$I_s = \varkappa \cdot \frac{100}{\varepsilon_s \left(\textbf{|} \; \dfrac{(x_s + x_n)^2 + r^2}{x_s}\right)} \cdot I_n \cdot \textbf{|} \; 2 \quad \ldots \quad (29\text{b})$$

Die Stoßstromwerte nach den vorstehenden Formeln können nur als angenäherte Werte angesehen werden, zumal der Gleichstromanteil in seiner Höhe außer von den dämpfenden Widerständen noch vom jeweiligen Schaltmoment abhängt. Außerdem enthält die Stoßziffer $\varkappa$ Fehler bis zu $\pm\, 30^0{}_0$. Weitere Ausführungen über den Stoßstrom sind auf S. 59 enthalten.

12. Dauerkurzschlußstrom bei dreipoligem Schluß.

Das Wesentliche über den Dauerkurzschlußstrom ist bereits auf S. 60 gesagt. Hier sollen zur Ergänzung nur noch die Formeln für die Kurzschlußstromberechnung aufgeführt werden, die im wesentlichen den neuesten VDE-Vorschriften entnommen sind. Die Formeln zeichnen sich dadurch aus, daß bei ihnen die jeweilige Phasenverschiebung zwischen Strom und Spannung vor Eintreten des Fehlers durch den Kurzschlußfaktor k mitberücksichtigt wird. Der Kurzschlußfaktor k gibt das Verhältnis des wahren Dauerkurzschlußstromes zu dem ideellen Strom der ungesättigt gedachten Maschine an. Er wird für den dreipoligen und zweipoligen Kurzschluß gesondert bestimmt, vgl. Abb. 56. Man ermittelt ihn aus der relativen Erregung v und der numerischen Kurzschlußentfernung a.

Die relative Erregung $v = \dfrac{AW}{AW_0}$[1]) kann berechnet werden nach

$$v = 1{,}08 + \left(4{,}45\,\varepsilon_s + \frac{1}{m_d^{\text{III}}} - 0{,}43\right) \cdot F\,(\cos \varphi) \ldots \ (30)$$

wobei $F\,(\cos \varphi)$ aus der Zahlentafel III entnommen wird.

Zahlentafel III.

$\cos \varphi$	0,0	0,5	0,6	0,7	0,8	0,9	1,0
$F\,(\cos \varphi)$	1,00	0,91	0,86	0,80	0,72	0,60	0,30

Die numerische Kurzschlußentfernung wird definiert als:

$$a = \frac{x_s + x_n}{x_s} \ \ldots \ldots \ldots \ (31)$$

Die Formel für den Dauerkurzschlußstrom bei dreipoligem Schluß lautet:

$$I_d^{\text{III}} = \frac{U}{\sqrt{3\,(x_a + x_s + x_n)}} \cdot k_{a3} \ \ldots \ldots \ (32)$$

Bezüglich x_a und x_s siehe auch S. 66.

Bei Kurzschluß an den Klemmen der Maschine ist in dieser Formel die Netzreaktanz $x_n = 0$ zu setzen.

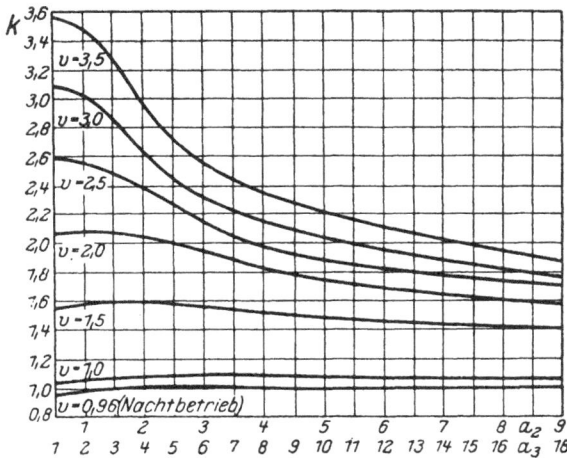

Abb. 56. Kurven für den Kurzschlußfaktor k.
(Aus ETZ 1929, S. 281.)

[1]) AW_0 ist die Amperewindungszahl bei Leerlauferregung.

13. Dauerkurzschlußstrom bei zweipoligem Schluß.

$$I_d^{\mathrm{II}} = \frac{U}{2 \left(\dfrac{x_a}{2} + x_s + x_n \right)} \cdot k_{a2} \quad \ldots \ldots \quad (33)$$

Bei Kurzschluß an den Klemmen der Maschine ist auch hier die Netzreaktanz $x_n = 0$ zu setzen.

Vorstehende Formeln für die Bestimmung des Dauerkurzschlußstromes haben Gültigkeit für vorwiegend induktive Kurzschlußstromkreise. Derartige Kurzschlußstromkreise sind weitaus in der Mehrzahl. Liegen im gesamten Kurzschlußstromkreise die induktiven und Ohmschen Widerstände in gleicher Größenordnung oder überwiegt der Ohmsche Widerstand, so muß der Kurzschlußfaktor k korrigiert werden. Näheres hierüber siehe ETZ 1929, Heft 8, S. 281.

E. Wirkungen des Kurzschlußstromes.

1. Mechanische Wirkungen.

Die mechanischen Kraftwirkungen sind im wesentlichen durch die anfängliche Spitze des Kurzschlußstromes gegeben. Dabei tritt zwischen zwei stromdurchflossenen parallel geführten Leitern je nach der Stromrichtung eine Anziehungs- oder Abstoßkraft von

$$P = 2{,}04 \cdot \frac{l}{d} \, I_s^2 \cdot 10^{-8} \, \mathrm{kg} \quad \ldots \ldots \quad (34)$$

auf, wobei

I_s die Amplitude des Stoßkurzschlußstromes in A.

l die Leiterlänge in cm,

d den Leiterabstand in cm

bedeuten.

Aus der Formel geht hervor, daß die dynamischen Kräfte quadratisch mit der Kurzschlußstromstärke zunehmen, was bei der Erweiterung bestehender Anlagen und bei der Projektierung neuer Anlagen beachtet werden muß. Besondere Aufmerksamkeit verlangen die Stromwandler, Kabelendver-

schlüsse und mitunter auch die Sammelschienen, bei denen
die Leiterabstände verhältnismäßig gering sind. Die dynamische Beanspruchung der Anlageteile wird in der Regel
durch Unterteilung der Sammelschienen und durch Einbau
von Kurzschlußdrosselspulen begrenzt, siehe auch Abschnitt G
»Praktisches Beispiel für die Ermittlung der dynamischen und
thermischen Beanspruchung von Anlageteilen bei Kurzschluß«
auf S. 101.

Die Kraftwirkungen lassen sich als Funktion der Leiterabstände bei verschiedenen Kurzschlußstromstärken bequem
nach den Kurventafeln in dem schon oben angezogenen Buch
von Biermanns »Überströme in Hochspannungsanlagen« auf
S. 374 und 375 ermitteln. In dem gleichen Buche sind die
mechanischen Wirkungen des Stoßstromes für verschiedene
Anlageteile eingehend behandelt und der Einfluß der mechanischen Resonanz berücksichtigt.

2. Wärmewirkungen.

Die Wärmewirkungen auf elektrische Apparate und Leiter
sind sowohl vom Stoß- als auch vom Dauerkurzschlußstrom
abhängig. Ihnen kann hauptsächlich durch reichliche Bemessung der Leiterquerschnitte sowie durch Einbau von Kurzschlußdrosselspulen, durch Unterteilung der Sammelschienen
und Schwächung der Erregung der speisenden Maschinen be-
gegnet werden. Bei der Bestimmung der thermischen Festigkeit von Anlageteilen empfiehlt es sich, grundsätzlich zwei
Fälle auseinander zu halten: **Fall I.** Ist der Kurzschlußstrom
eines Leiters kleiner als der Nennstrom der die Kurzschlußstelle
speisenden Maschinen, so genügt für die Bestimmung der Erwärmung die Berücksichtigung des Effektivwertes des Dauerkurzschlußstromes. **Fall II.** Ist dagegen der Kurzschlußstrom
größer als der Nennstrom der speisenden Maschinen, so muß
unbedingt auch der Einfluß des Stoßkurzschlußstromes berücksichtigt werden.

Zulässige Beanspruchungszeit bei Kurzschluß für den
  Fall I:

$$t = \frac{\vartheta \cdot F^2 \cdot \tau^{1)}}{I_a^2} \qquad \ldots \ldots \ldots (35)$$

[1] Binder, ETZ 1916, Heft 44/45.

Hierin bedeutet:

t Zeit in Sekunden.

ϑ zulässige Erwärmung:

für blanke Leiter = 300° C.

für Kabel = 150° C.

für Stromwandler = 200° C.

F Querschnitt des Leiters in mm².

I_d Dauerkurzschlußstrom in A.

τ Faktor für Kupfer = 172,

Faktor für Aluminium = 74.

Der Faktor τ stellt das Produkt aus der Leitfähigkeit $\varkappa = 50 \, \dfrac{S\,m}{\text{mm}^2}$ und der spezifischen Wärme der Raumeinheit des Kupfers $c = 3{,}44 \, \dfrac{W\,s}{°C\ \text{cm}^3}$ dar. Hierbei ist die Leitfähigkeit auf 50° C bezogen.

Zulässige Beanspruchungszeit bei Kurzschluß für den Fall II:

$$t = \frac{\vartheta \cdot F^2 \cdot \tau}{I_d^2 \cdot p} \; . \quad . \quad . \quad . \quad . \quad . \quad (35\,\text{a})$$

wobei

$$p = 1 \text{ bis } 3$$

ist.

Bei den vorstehenden Formeln ist angenommen, daß die erzeugte Stromwärme vollkommen von der Wärmekapazität der Leiter aufgenommen wird, was bei der üblichen Kurzschlußdauer von 1 bis 3 s durchaus zulässig ist[1]).

Der Faktor $p = 3$ gilt für Kurzschlüsse in unmittelbarer Nähe der Generatoren, und zwar für eine Dauer bis 3 s. Bei einer Kurzschlußdauer bis zu 7 s nimmt man zweckmäßig $p = 2$. Liegt zwischen den Generatoren und der Kurzschluß-stelle noch ein nennenswerter Widerstand, so ist p entsprechend kleiner zu wählen. Die Formel für den Fall II hat keinen Anspruch auf besondere Genauigkeit. Eingehend ist der Ein-fluß des Stoßkurzschlußstromes auf die Erwärmung in dem bereits genannten Buche von Biermanns behandelt. Auch in dem Buch von Rüdenberg »Kurzschlußströme beim Be-

---

[1]) Siehe auch H. Buchholz: »Probleme der Erwärmung elek-trischer Leiter, Zeitschr. f. angewandte Math. und Mech. 1929, Heft 4.

trieb von Großkraftwerken«, Verlag von Julius Springer, ist hierüber Näheres zu finden.

Zur Kennzeichnung der thermischen Kurzschlußfestigkeit von Stromwandlern, Relaisspulen u. dgl. bedient man sich oft des Begriffs »Sekundenstrom«, worunter diejenige Kurzschluß-stromstärke verstanden wird, die ein derartiger Apparat ohne übermäßige Erwärmung eine Sekunde lang verträgt. Als Beziehung für den Sekundenstrom gilt:

$$I_{ks} = I_k \cdot \sqrt{t_k}, \quad \ldots \ldots \ldots \ldots \quad (36)$$

worin

I_{ks} den Sekundenstrom in $As^{1/2}$,

I_k den Kurzschlußstrom in A,

t_k die Kurzschlußdauer in s

bedeuten.

Ist der Sekundenstrom eines Stromwandlers gegeben, so kann aus der gleichen Formel die Dauer der zulässigen Beanspruchung bei anderen Stromstärken errechnet werden.

Beispiel: Der Sekundenstrom eines Stromwandlers sei $20000\ As^{1/2}$. Es ist festzustellen, wie lange der gleiche Stromwandler mit $10000\ A$ beschickt werden kann.

$$I_{ks} = I_k \cdot \sqrt{t_k};$$

$$\sqrt{t_k} = \frac{I_{ks}}{I_k} = \frac{20000}{10000} = 2;$$

$$t_k = 4\ s.$$

Endlich kann aus dem Sekundenstrom auch die zulässige Kurz-schlußstromstärke bei einer gegebenen Beanspruchungszeit ermittelt werden.

Es wurde auf die Stromwandler in diesem und in anderen Abschnitten des Buches so ausführlich eingegangen, weil sie einen wesentlichen Bestandteil der Selektivschutzanlagen dar-stellen. Der projektierende Ingenieur ist infolgedessen nicht nur für die richtigen Auslösezeiten der Selektivschutzanlagen, sowie für die Auslösung überhaupt, sondern auch für die ther-mische und dynamische Festigkeit der von ihm vorgeschlagenen Wandler verantwortlich.

F. Projektierung einer Selektivschutzanlage mit Impedanzrelais.

1. Wahl der Zeitkennlinien und Ermittlung der Abschaltzeit bei dreipoligem Kurzschluß.

Die Projektierung sowie die mit ihr verbundene Kurz-schlußstromberechnung werden nachstehend an einem prak-tischen Beispiel, und zwar absichtlich an einem 15 kV-Netz, vor-genommen, weil die Mittelspannungsnetze, worunter hier Netze mit einer Spannung bis zu 30 kV verstanden werden, zahlen-mäßig die Netze mit einer höheren Betriebsspannung bei weitem übertreffen und auch infolge ihrer engeren Vermaschung für den Selektivschutz weit größere Anwendungsmöglichkeit als diese bieten. Zudem sind die Höchstspannungsnetze in Deutschland mit Selektivschutz schon nahezu vollständig aus-gerüstet.

Vor der Berechnung der Kurzschlußströme und der Er-mittlung der Zeitkennlinien sowie Arbeitszeiten der Relais des Netzes in Abb. 57 — die Arbeitszeit eines Ölschalters ein-schließlich der Löschzeit im Öl sei 0,2 s — empfiehlt es sich, die Primär- und Sekundärimpedanzen der einzelnen Leitungs-strecken festzulegen und diese in den Leitungsplan einzutragen. Die Primärimpedanz ermittelt man leicht, indem man die kilo-metrische Impedanz für den Leiterquerschnitt von 50 mm² Cu aus Abb. 55 mit der entsprechenden Leitungslänge in km mul-tipliziert. So ist z. B. die Primärimpedanz der Leitung zwischen der Unterstation a und dem Kraftwerk B je Leiter:

$$z_1 = z \cdot l = 0,54 \cdot 10 = 5,4 \, \Omega.$$

Die Sekundärimpedanz der gleichen Leitungsstrecke je Phase ergibt sich aus der nachstehenden Beziehung unter Benutzung des entsprechenden Kurvenwertes der Tafel Abb. 11 für ein Übersetzungsverhältnis der Stromwandler 100/5 und der Spannungswandler 15000/110:

$$z_2 = z_1 \cdot \frac{\ddot{u}_i}{\ddot{u}_u} = 5,4 \cdot 0,146 = 0,79 \, \Omega.$$

Die Primär- und Sekundärimpedanzen der Leitungen zwischen anderen Stationen errechnet man analog.

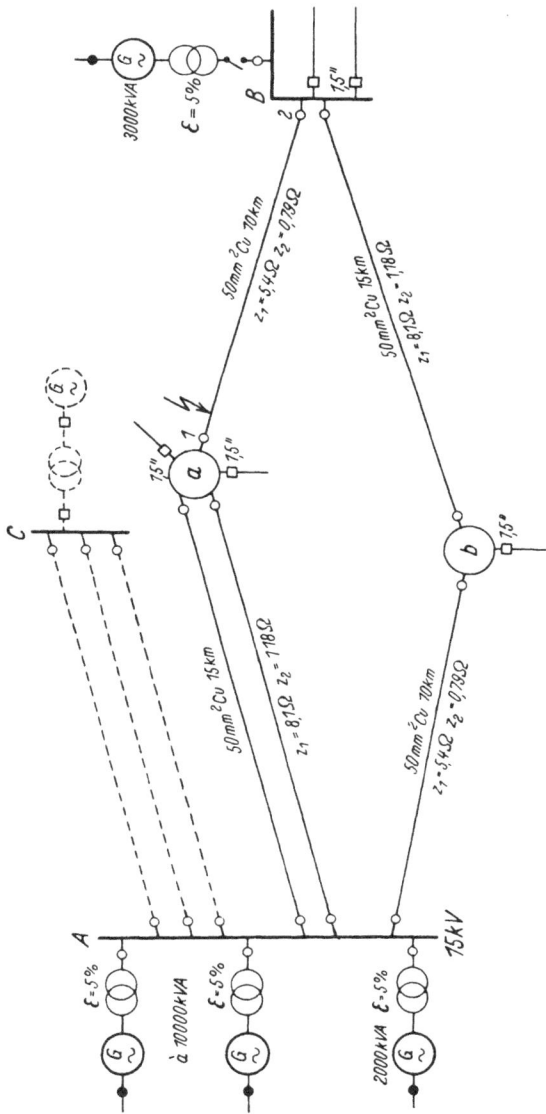

3000 kVA

$\varepsilon = 5\%$

B

1,5"

2

$50\,mm^2\,Cu\ 70\,km$
$z_1 = 5.4\,\Omega\ z_2 = 0.78\,\Omega$

$50\,mm^2\,Cu\ 15\,km$
$z_1 = 8.1\,\Omega\ z_2 = 1.18\,\Omega$

1,5"

1

a

1,5"

b

1,5"

C

$50\,mm^2\,Cu\ 15\,km$
$z_1 = 8.1\,\Omega\ z_2 = 1.18\,\Omega$

$50\,mm^2\,Cu\ 70\,km$
$z_1 = 5.4\,\Omega\ z_2 = 0.78\,\Omega$

A

$\varepsilon = 5\%$

à 10000 kVA

$\varepsilon = 5\%$

2000 kVA $\varepsilon = 5\%$

15 kV

Impedanzrelais

Impedanzrelais ohne Richtungsglied

Überstromzeitrelais

z_1 Primärimpedanz je Phase
z_2 Sekundärimpedanz je Phase (Stromwandler 100 5)
Spannungswandler 15 000/110)
ε prozentuale Kurzschlußspannung

Abb. 57. Relaisnetzplan.

Da das Verhältnis der Sekundärimpedanzen der Leitungsstrecken im vorliegenden Netz größer ist als 1:2, so genügt für
die Ringleitungen eine Charakteristik, d. h. die Impedanzrelais können bezüglich ihrer Auslösecharakteristik einheitlich
ausgelegt werden. Wünscht man bei dreipoligem Kurzschluß
auf der kürzesten Leitungsstrecke (10 km) eine Staffelzeit von
Ölschalter zu Ölschalter $t = 1$ s, so ergibt sich die Neigung der
passenden Zeitkennlinien aus der Gleichung für die Kurzschlußschleife:

$$\operatorname{tg} a = \frac{l}{\sqrt{3} \cdot z_2} = \frac{1}{1{,}73 \cdot 0{,}79} = 0{,}73 \, s/\Omega.$$

Dieser Wert stimmt annähernd mit dem Wert der Neigung
der Zeitkennlinien in Abb. 12 überein. Im folgenden soll diese
Charakteristik zur Ermittlung der Arbeitszeiten der Relais und
der Gesamtarbeitszeiten an den auszulösenden Ölschaltern benutzt werden. Bei den 15 km-Leitungsstrecken ergibt sich
dann eine Staffelzeit von 1,5 s.

An Hand dieser Unterlagen können die Arbeitszeiten der
Relais sowie die Gesamtarbeitszeiten an den Ölschaltern ohne
weiteres ermittelt werden. Es soll jedoch hier der Vollständigkeit
halber außerdem für diesen Fall eine genaue Berechnung der
Dauerkurzschlußströme vorgenommen und ihre Verteilung
nach Größe und Richtung während der Dauer des Kurzschlusses
verfolgt werden. Bei dieser Gelegenheit wird dann eine andere
Methode zur Bestimmung der Sekundärimpedanz und mithin
der Abschaltzeit angewendet, die als Kontrolle der durch die
erste Methode erzielten Werte dienen kann.

Beispiel. Das Freileitungsnetz in Abb. 57 werde im Kraftwerk A von einem 10000 kV-Turbogenerator ($n = 3000$) mit
zugehörigem 10000 kVA-Transformator gespeist. Der Generator sei mit cos $\varphi = 0{,}9$ voll belastet. Unmittelbar hinter
der Station a trete ein dreipoliger Kurzschluß auf, der zur
Speisequelle stark unsymmetrisch liegt, vgl. auch Ausführungen auf S. 28. Es sind die Arbeitszeiten der Impedanzrelais sowie die Gesamtarbeitszeiten an den Ölschaltern 1
und 2, ferner die Abschaltzeit zu bestimmen.

Bei den untenstehenden Rechnungen werden sämtliche
in Frage kommenden Größen auf eine Spannung von 15000 V
bezogen.

a) Nennstrom des Generators und des Transformators:

$$I_n = \frac{N}{\sqrt{3} \cdot U} = \frac{10000 \cdot 1000}{1,73 \cdot 15000} = 384\,\text{A}.$$

b) Streureaktanz und Ankerreaktanz des Generators je Phase:

Das Kurzschlußverhältnis des Generators m_d^{III} sei bei Leerlauferregung $= 0,7$.

$$x_s = \frac{U}{\sqrt{3} \cdot I_n} \cdot \frac{\varepsilon_s}{100} = \frac{15000 \cdot 24}{1,73 \cdot 384 \cdot 100} = 5,42\,\Omega,$$

$$x_a = \frac{U}{\sqrt{3} \cdot I_n \cdot m_d^{III}} - x_s = \frac{15000}{1,73 \cdot 384 \cdot 0,7} - 5,42 = 26,88\,\Omega.$$

c) Reaktanz des Transformators je Phase:

$$x_T = \frac{U}{\sqrt{3} \cdot I_n} \cdot \frac{\varepsilon}{100} = \frac{15000 \cdot 5}{1,73 \cdot 384 \cdot 100} = 1,13\,\Omega.$$

d) Resultierende Reaktanz der Freileitungen bis zur Kurzschlußstelle:

$$x_L = \frac{x_1 \cdot x_2}{x_1 + x_2} = \frac{3 \cdot 14}{3 + 14} = 2,47\,\Omega,$$

wobei sich x_1 und x_2 aus nachstehenden Beziehungen ergeben:

$$x_1 = \frac{\omega L \cdot l_1}{2} = \frac{0,4 \cdot 15}{2} = 3\,\Omega,$$

$$x_2 = \omega L \cdot l_2 = 0,4 \cdot 35 = 14\,\Omega.$$

e) Resultierender Ohmscher Widerstand der Freileitungen bis zur Kurzschlußstelle:

$$r = \frac{r_1 \cdot r_2}{r_1 + r_2} = \frac{2,68 \cdot 13}{2,68 + 13} = 2,2\,\Omega.$$

wo sich r_1 und r_2 aus folgenden Beziehungen ergeben:

$$r_1 = \frac{l_1 \cdot 1000}{2 \varkappa \cdot F} = \frac{15000}{2 \cdot 56 \cdot 50} = 2,68\,\Omega,$$

$$r_2 = \frac{l_2 \cdot 1000}{\varkappa \cdot F} = \frac{35000}{56 \cdot 50} = 13\,\Omega.$$

Da der Ohmsche Widerstand der Freileitungen im Vergleich zum gesamten induktiven Widerstand des Generators, des Transformators und der Freileitungen hier sehr gering ist,

92

wird er bei der Bestimmung der Kurzschlußstromstärke nicht berücksichtigt. Er wird jedoch zur Ermittlung der Sekundärimpedanz bzw. der Sekundärspannung benötigt.

f) **Resultierende Reaktanz von den Klemmen des Generators bis zur Kurzschlußstelle je Phase (Netzreaktanz):**

$$x_n = x_T + x_L = 1{,}13 + 2{,}47 = 3{,}6 \,\Omega.$$

g) **Resultierender Dauerkurzschlußstrom im Lichtbogen** (vgl. Absatz 3 und 12 in Kapitel D):

Bei $\cos \varphi = 0{,}9$ ist die relative Erregung:

$$v = 1{,}08 + \left(4{,}45 \cdot \varepsilon_s + \frac{1}{m_d^{III}} - 0{,}43\right) \cdot F(\cos \varphi)$$

$$= 1{,}08 + \left(4{,}45 \cdot 0{,}24 + \frac{1}{0{,}7} - 0{,}43\right) \cdot 0{,}6 = 2{,}3.$$

Die numerische Kurzschlußentfernung ermittelt man aus:

$$a_3 = \frac{x_s + x_n}{x_s} = \frac{5{,}42 + 3{,}6}{5{,}42} = 1{,}67.$$

Danach ist laut Kurventafel Abb. 56:

$$k_{a_3} = 2{,}35$$

und

$$I_d^{III} = \frac{U}{\sqrt{3}\,(x_a + x_s + x_n)} \cdot k_{a_3} = \frac{15000 \cdot 2{,}35}{1{,}73 \cdot 35{,}9} = 570 \,\text{A}.$$

Dieser Dauerkurzschlußstrom ergießt sich vom Kraftwerk in die Fehlerstelle und verteilt sich in die beiden Leitungsstränge im umgekehrten Verhältnis ihrer Reaktanzen bzw. Impedanzen.

h) **Über den Ölschalter** *1* **fließt ein Dauerkurzschlußstrom:**

$$I_d^{III} = \frac{570 \cdot 14}{3 + 14} = 470 \,\text{A}.$$

i) **Der Ölschalter 2 führt:**

vor dem Abschalten des Ölschalters *1* einen Dauerkurzschlußstrom:

$$I_d^{III} = 570 - 470 = 100 \,\text{A}.$$

nach dem Abschalten des Ölschalters *1* einen Dauerkurzschlußstrom:

$$I_{,,}^{\mathrm{III}} = \frac{U}{\sqrt{3}\ (x_a + x_s + x_n)}\ k'_{,,a} = \frac{15\,000 \cdot 2{,}3}{1{.}73 \cdot 47{,}43} = 420\ \mathrm{A}.$$

Die ermittelten Kurzschlußströme beziehen sich auf
Vollasterregung. Besitzt der Generator einen Schnellregler, so
ist mit höheren Kurzschlußströmen zu rechnen, da dieser die
volle Spannung an den Klemmen des Generators zu erhalten
versucht. Fehlt dagegen ein Schnellregler, so können unter
Umständen je nach der Belastung des Netzes und der Art der
Erregung der Maschinen die Kurzschlußströme wesentlich
tiefer als die ermittelten Ströme liegen.

Ist das Übersetzungsverhältnis der Stromwandler in den
Ringleitungen 100/5, das der Spannungswandler 15 000/110,
und legt man den Impedanzrelais eine Auslösecharakteristik
nach der Kurvenschar der Abb. 12 zugrunde, so erhält man
unter der praktisch zulässigen Annahme, daß der Lichtbogenwiderstand etwa 0 Ω beträgt, die folgenden Gesamtarbeitszeiten sowie die Abschaltzeit. Die Ansprechstromstärke der
Überstrom-Ansprechglieder der Relais sei aus betriebstechnischen Gründen auf 7,5 A, d. h. auf den 1,5fachen Nennstrom
eingestellt.

Die Relais des Ölschalters *1*

führen einen Strom entsprechend dem auf
der Primärseite von 470 A . . . . . . $i = 23{,}5$ A,

haben entsprechend der Primärspannung
von 0 V eine verkettete Spannung von $u = 0$ V,

messen eine Sekundärimpedanz . . . . $z_2 = \dfrac{u}{i} = 0\ \Omega$

und betätigen den Auslösekreis mit der
Grundzeit bei 23,5 A in . . . . $t_1' = 1{,}1$ s.

Zu der Arbeitszeit des Relais t_1' kommt noch die Arbeitszeit
des Ölschalters einschließlich Löschzeit des Lichtbogens im
Öl von $t_1'' = 0{,}2$ s hinzu, so daß die Gesamtarbeitszeit am Ölschalter *1*

$$t_1 = t_1' + t_1'' = 1{,}1 + 0{,}2 = 1{,}3\ s$$

beträgt.

Die Relais des Ölschalters *2* fangen erst nach dem Abschalten des Ölschalters *1* an zu arbeiten; vorher können sie nicht arbeiten, da die eingestellte Ansprechstromstärke von 7,5 A nicht erreicht wird. An der Einbaustelle der Relais stellt sich bei dem bereits ermittelten Dauerkurzschlußstrom von 420 A und der Primärimpedanz je Phase $z_1 = 5,4\ \Omega$ eine primäre verkettete Spannung von

$$U = I_{d}^{\mathrm{III}} \cdot z_1 \cdot \sqrt{3} = 420 \cdot 5,4 \cdot 1,73 = 3920\ \text{V}$$

ein, welcher Wert einer Sekundärspannung von

$$u = \frac{3920 \cdot 110}{15000} = 28,8\ \text{V}$$

entspricht.

Die Relais führen dabei einen Strom $i = 21$ A,

messen eine Sekundärimpedanz von $z_2 = \dfrac{u}{i} = 1,37\ \Omega$

und schließen den Auslösekreis nach

ihrem Ansprechen in . . . . . . $t_2' = 2,3$ s.

Die Abschaltung am Ölschalter *2* vollzieht sich in

$$t_2 = t_2' + t_2'' = 2,3 + 0,2 = 2,5\ s.$$

t_2'' bedeutet die Arbeitszeit des Ölschalters *2* einschließlich der Lichtbogenlöschzeit im Öl.

Die beiderseitige Abschaltung der Fehlerstelle erfolgt somit in

$$t = t_1 + t_2 = 1,3 + 2,5 = 3,8\ s.$$

Die verhältnismäßig lange Abschaltzeit ist hier durch die Addition der einzelnen Gesamtarbeitszeiten bedingt. Sie kann durch verschiedene Mittel, von welchen im Abschnitt »Prinzipielle Überlegungen« noch die Rede sein wird, vermieden werden. Erfreulicherweise kommt sie in der Praxis selten vor. Sie wurde in dem Beispiel deswegen gebracht, um den Leser auch auf die schwierigeren Fälle aufmerksam zu machen. Bezüglich der Wahl und der Auslegung der Relais zum Schutze der Generatoren, der Transformatoren und der Stichleitungen des vorliegenden Netzes siehe Näheres in den entsprechenden Abschnitten des Kapitels »Schutzsysteme für verschiedene Anlageteile in Drehstromnetzen«.

2. Ermittlung der Abschaltzeit bei zweipoligem Kurzschluß.

Die Netzverhältnisse sind die gleichen wie unter 1., jedoch trete anstatt eines dreipoligen Schlusses an derselben Stelle ein zweipoliger auf.

a) Nennstrom des Generators und Transformators:

$$I_n = 384\,\text{A}.$$

b) Streureaktanz und Ankerreaktanz des Generators je Phase (vgl. Absatz b des vorhergehenden Abschnittes):

$$x_s = 5{,}42\,\Omega,$$
$$x_a = 26{,}88\,\Omega.$$

c) Reaktanz des Transformators je Phase:

$$x_T = 1{,}13\,\Omega.$$

d) Resultierende Reaktanz der Freileitungen bis zur Kurzschlußstelle je Phase:

$$x_L = 2{,}47\,\Omega.$$

e) Resultierender Ohmscher Widerstand der Freileitungen bis zur Kurzschlußstelle je Phase:

$$r_L = 2{,}2\,\Omega.$$

f) Resultierende Reaktanz von den Klemmen des Generators bis zur Kurzschlußstelle je Phase (Netzreaktanz):

$$x_n = 3{,}6\,\Omega.$$

g) Resultierender Dauerkurzschlußstrom im Lichtbogen (vgl. Absatz 3 und 13 in Kapitel D):

Da

$$v = 2{,}35$$

und

$$a_2 = 1{,}67,$$

so ist

$$k_{a_2} = 2{,}3,$$

wonach

$$I_a^{II} = \frac{U}{2\left(\dfrac{x_a}{2} + x_s + x_n\right)}\, k_{a_2} = \frac{15\,000 \cdot 2{,}3}{2\,(13{,}44 + 5{,}42 + 3{,}6)} = 770\,\text{A}.$$

h) Über den Ölschalter *1* fließt ein Dauerkurzschlußstrom:

$$I_d^{\mathrm{II}} = \frac{770 \cdot 14}{3 + 14} = 635 \text{ A}.$$

i) Der Ölschalter *2* führt:

vor dem Abschalten des Ölschalters *1* einen Dauerkurzschlußstrom von

$$I_d^{\mathrm{II}} = 770 - 635 = 135 \text{ A},$$

nach dem Abschalten des Ölschalters *1* einen Dauerkurzschlußstrom von

$$I_d^{\mathrm{II}} = \frac{U}{2 \cdot \left(\dfrac{x_a}{2} + x_s + x_n \right)} \cdot k'_{a_2} = \frac{15000 \cdot 1.9}{2 \cdot 34} = 420 \text{ A}.$$

Die Bemerkungen hierzu entsprechen annähernd denen
im Abschnitt 1 unter i.

Die Relais des Ölschalters *1*

erhalten einen Strom entsprechend dem auf
der Primärseite von 635 A . . . . $i = 32$ A,

haben eine verkettete Spannung entsprechend der Primärspannung von 0 V . . . $u = 0$ V,

messen eine Sekundärimpedanz . . . . . $z_2 = 0\ \Omega$

und betätigen den Auslösekreis in . . . . $t_1' = 1.1$ s.

d. h. mit der Grundzeit bei 30 A.

Die Relais des Ölschalters *2* fangen wiederum erst nach
dem Abschalten des Ölschalters *1* an zu arbeiten. An der

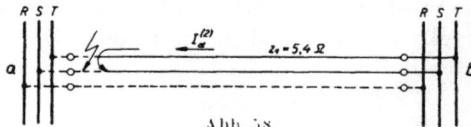

Abb. 58.

Sammelschiene *B* stellt sich an einem Relais der kranken
Leitungsstrecke (vgl. Abb. 58) bei dem ermittelten Dauerkurzschlußstrom von 420 A unter Vernachlässigung der Lichtbogenspannung eine verkettete Netzspannung von

$$U = I_d^{\mathrm{II}} \cdot z_1 \cdot 2 = 420 \cdot 5.4 \cdot 2 = 4520 \text{ V}$$

ein, welcher Wert einer sekundären Spannung von

$$u = \frac{4520 \cdot 110}{15\,000} = 33 \text{ V}$$

entspricht.

Die beiden Relais der Kurzschlußschleife führen den Strom von $i = 21$ A, eines davon mißt die Sekundärimpedanz[1]) der Kurzschlußschleife . . . . $z_2 = \dfrac{u}{i} = 1{,}59\ \Omega$

und weist eine Arbeitszeit von . . . . . $t_2' = 2{,}4$ s auf.

Die beiderseitige Abschaltung des Kurzschlusses erfolgt wiederum nach

$$t = t_1 + t_2 = (t_1' + t_1'') + (t_2' + t_2'') =$$
$$= 1{,}1 + 0{,}2 + 2.4 + 0{,}2 = 3{,}9 \ s.$$

Hierin bedeuten:

t_1 die Gesamtarbeitszeit am Ölschalter *1*,

t_2 die Gesamtarbeitszeit am Ölschalter *2*,

t_1' die Arbeitszeit des Relais am Ölschalter *1*,

t_1'' die Arbeitszeit des Ölschalters *1* einschließlich Lichtbogenlöschzeit,

t_2' die Arbeitszeit des Relais am Ölschalter *2*,

t_2'' die Arbeitszeit des Ölschalters *2* einschließlich Lichtbogenlöschzeit.

Die Rechnung zeigt, daß die Abschaltung der Fehlerstelle, trotzdem die Relais an beiden Enden der betroffenen Leitung nicht gleichzeitig ansprechen, immer noch unterhalb 4 s vor sich geht. Abschaltungen in kürzerer Zeit erhält man unter Bedingungen, wie im Abschnitt »Prinzipielle Überlegungen« angegeben. Daß die Abschaltzeiten hier bei zwei- und dreipoligem Kurzschluß praktisch gleich lang sind, trotzdem die Sekundärimpedanz der Kurzschlußschleife bei zweipoligem Schluß um 16% höher ist, ist auf die Stromabhängigkeit der Relais zurückzuführen.

---

[1]) Das andere Relais mißt unrichtig, da ihm zufolge der Schaltung die Spannung zwischen einer der kranken Phasen und der gesunden Phase zugeführt wird. Bei dreipoligem Kurzschluß erhalten die Relais in allen drei Phasen die richtige Spannung. Näheres hierüber siehe im Abschnitt „Zwei- und dreipolige Schutzart" auf Seite 47.

3. Prinzipielle Überlegungen.

Erhöht man die rotierende Maschinenleistung im Kraftwerk A auf das Doppelte, d. h. laufen zwei Generatoren zu je 10000 kVA parallel, so werden die Impedanzrelais des Ölschalters 2 gleichzeitig mit den Relais des Ölschalters 1 ansprechen, wodurch sich die Abschaltzeit wesentlich verringert. Die Abschaltung der Fehlerstelle erfolgt auch dann schneller, wenn die Erzeugung der Energie nicht an einer, sondern an mehreren Stellen des Netzes erfolgt. Würde beispielsweise im Kraftwerk A ein Generator von nur 3000 kVA und im Kraftwerk B ein gleich großer laufen, so käme trotz der geringen Maschineneinsätze keine Addition der Gesamtarbeitszeiten zustande, da die Überstrom-Ansprechglieder der Relais an beiden Seiten des gestörten Leitungsstranges durch den Kurzschlußstrom gleichzeitig erregt werden. Wäre hingegen im Kraftwerk A nur ein Generator von 2000 kVA in Betrieb, so könnten die Ölschalter der kranken Leitung bei Vollasterregung der Maschine nur bei zweipoligem Kurzschluß, und zwar der Reihe nach, auslösen. Bei dreipoligem Kurzschluß würde bei diesem Maschineneinsatz die Abschaltung der Leitung nur dann erfolgen, wenn die Maschine durch einen Schnellregler oder von Hand übererregt wird.

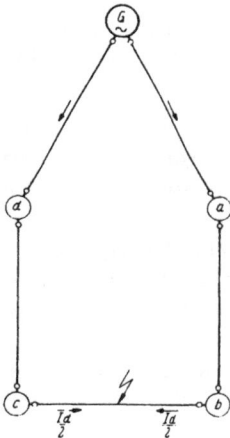

Abb. 59.

Bei symmetrischer Lage der Fehlerstelle zur Speisequelle würden bei der Maschineneinheit von 10000 kVA die Relais der kranken Leitung an beiden Enden gleichzeitig ansprechen und die Abschaltung in kurzer Zeit, d. h. in etwa 2 s, bewirken. Wäre nur der 2000 kVA-Generator in Betrieb, so käme bei symmetrischer Lage der Fehlerstelle zur Speisequelle überhaupt keine Abschaltung zustande, da der halbe Dauerschlußstrom auch bei übererregter Maschine unter dem Nennstrom der Stromwandler der betroffenen Leitungsstrecke liegt (vgl. Abb. 59). Diese Überlegungen haben Gültigkeit, sofern die Anregung der Ablaufglieder der

Relais durch Überstrom-Ansprechglieder erfolgt. Sie treffen im
wesentlichen nicht zu, wenn an Stelle der Überstrom-Ansprechglieder Unterimpedanz- oder Unterspannungs-Ansprechglieder
angewendet werden. Eine Addition der Gesamtarbeitszeiten
kann auch bei Anwendung von Unterimpedanz-Ansprechgliedern auftreten, nur müssen dann die Ströme schon sehr
klein sein, vgl. die Ansprechbereiche in den Abb. 6 und 7.

Die Addition der Gesamtarbeitszeiten kommt in Kabel-
und Freileitungsnetzen, auch wenn Überstrom-Ansprechglieder
verwendet werden, verhältnismäßig selten vor. Sie tritt praktisch nur dann auf, wenn gleichzeitig die Lage der Fehlerstelle
zur Speisequelle stark unsymmetrisch und der Maschineneinsatz relativ klein ist. Bei den Freileitungsnetzen reißt dabei
oft der Lichtbogen nach dem Auslösen des der Erzeugerstation
näherliegenden Ölschalters von allein ab, so daß der zweite
Ölschalter der kranken Leitungsstrecke nicht zur Abschaltung
zu kommen braucht. Der Fehlerstrom, der über den zweiten
Ölschalter fließt, reicht nämlich infolge der Widerstandszunahme im Kurzschlußpfad nicht mehr aus, den Lichtbogen
aufrechtzuerhalten.

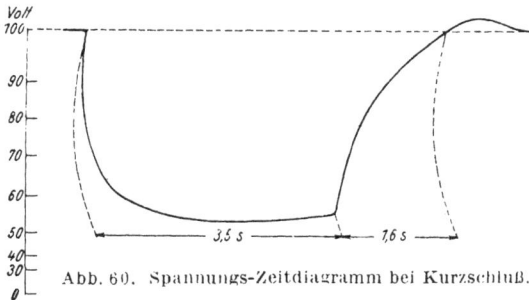

Abb. 60. Spannungs-Zeitdiagramm bei Kurzschluß.

Im Verlauf eines Kurzschlusses tritt in elektrischen Netzteilen fast regelmäßig ein Abfallen der Netzspannung auf. Nach
der Abschaltung des gestörten Anlageteiles erhöht sich die Betriebsspannung mehr oder weniger schnell. Das Wiederkehren
der vollen Spannung kann, wie durch die von der »Studien-
gesellschaft für Höchstspannungsanlagen« neuerdings auf den
Markt gebrachten Spannungsschnellschreiber festgestellt wurde,

100

0,5 bis 2 s dauern. Dieser Umstand gibt Veranlassung zur Vorsicht bei Verwendung von Unterspannungs- und Unterimpedanz-Ansprechgliedern zur Anregung der Ablaufglieder der Relais. Die langsam wiederkehrende Spannung bewirkt nämlich bei einer bestimmten Stromabnahme in den Unterstationen ein vorübergehendes »Klebenbleiben« der Ansprechglieder und mithin die Abschaltung gesunder Netzteile. In Abb. 60 ist der Verlauf einer derartigen Spannungskurve im nicht rechteckigen Koordinatensystem gezeigt. Die Spannungserhöhung nach der Störung ist auf den Einfluß der selbsttätigen Regler zurückzuführen. Es werden sich Mittel und Wege finden lassen, auch dieser Erscheinung begegnen zu können, sei es, daß man die genannten Ansprechglieder weniger empfindlich einstellt oder »Kunstgriffe« anwendet. Hat man doch während der siebenjährigen Praxis mit den widerstandsabhängigen Relais so manche Schwierigkeit überwunden.

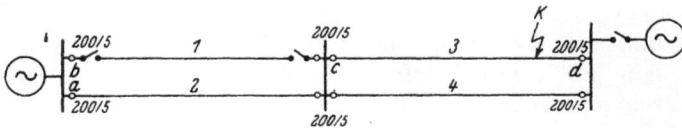

Abb. 61.

Bei der Projektierung ist ferner auch darauf zu achten. daß durch Änderung der Netzgestalt im Betrieb nicht Fälle eintreten, bei welchen sich ungenügende Staffelzeiten ergeben. Ein solcher Fall kann z. B. beim Betrieb von Doppelleitungen mit einseitiger Speisung stattfinden (vgl. Abb. 61). Würde hier an der Stelle K ein Kurzschluß auftreten und wäre zu dieser Zeit aus irgendeinem Grunde die Leitung 1 abgeschaltet, so wird, wenn nicht gerade die Leitung 2 einen höheren Widerstand gegenüber den Leitungen 3 und 4 aufweist, eine Falschauslösung durch die Relais a zustandekommen. Die Relais a messen dabei eine kleinere Impedanz als die Relais c und manchmal auch als die Relais d, weil sie infolge der gleichen Wandlerübersetzungsverhältnisse den doppelten Strom führen. Eine Abhilfe bietet in solchen Fällen nach dem Vorschlag des Verfassers[1] die zwangsweise Parallelschaltung der Relais a

[1] DRP 469 831 vom 29. 1. 26. — Österr. Patent 112 058. — Schweizer Patent 127 118.

und *b* auf die Wandler der eingeschalteten Leitung durch die
Ölschalter der abgeschalteten Leitung oder durch die zwangsweise Heraufsetzung der Spannung an den Relais der Einfach-
leitung auf den doppelten Wert.

G. Praktisches Beispiel für die Ermittlung der thermischen und dynamischen Beanspruchung von Anlageteilen bei Kurzschluß.

In Betrieb befinden sich 3 Turbogeneratoren mit einer gesamten Nennleistung von 50000 kVA, die mit cos $\varphi = 0,8$ voll
belastet seien und deren relative Ständerstreuspannung $\varepsilon =$
15% und relative Gesamtstreuspannung $\varepsilon_s = 24\%$ betrage (vgl.
Abb. 62). In einem Kabelzweige entstehe an der Stelle K ein

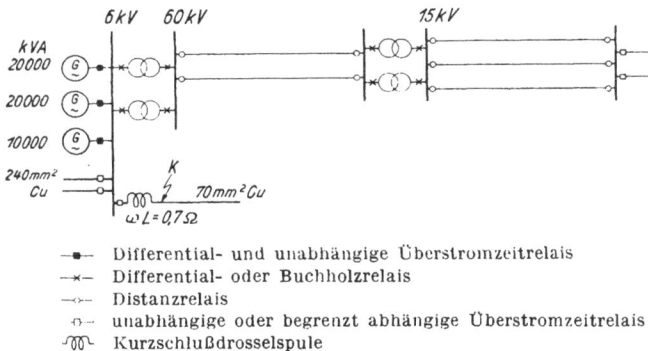

-•- Differential- und unabhängige Überstromzeitrelais
-×- Differential- oder Buchholzrelais
-◇- Distanzrelais
-○- unabhängige oder begrenzt abhängige Überstromzeitrelais
-ᴍ- Kurzschlußdrosselspule

Abb. 62. Relais-Netzplan.

zweipoliger Kurzschluß. Es ist zu untersuchen, welche Stoß-
und Dauerkurzschlußströme sich in das kranke Kabel mit und
ohne Kurzschlußdrosselspule ergießen. Ferner ist die Erwärmung des Kabels sowie die dynamische Beanspruchung der im
Kurzschlußpfad liegenden Anlageteile zu ermitteln.

1. Anlage ohne Kurzschlußdrosselspulen.

Die Impedanz der Maschinenkabel und die der Sammelschienen ist verschwindend klein und wird bei der nachstehenden Rechnung vernachlässigt.

a) Nennstrom der Generatoren:

$$I_n = \frac{N}{\sqrt{3} \cdot U} = \frac{50\,000 \cdot 1000}{1{,}73 \cdot 6000} = 4800 \text{ A.}$$

b) Stoßkurzschlußstrom, vgl. Abschnitt 11 in Kap. D:

$$I_s = \varkappa \cdot \frac{100}{\varepsilon} \cdot I_n \mid 2 = 1{,}8 \cdot \frac{100}{15} \cdot 4800 \cdot 1{,}41 = 81\,000 \text{ A.}$$

c) Streu- und Ankerreaktanz der Generatoren je Phase:

$$x_s = \frac{6000}{1{,}73 \cdot 4800} \cdot \frac{24}{100} = 0{,}173 \,\Omega,$$

$$x_a = \frac{6000}{1{,}73 \cdot 4800 \cdot 0{,}7} - 0{,}173 = 0{,}86 \,\Omega.$$

d) Dauerkurzschlußstrom an der Kurzschlußstelle:
Da

$$v = 2{,}57$$

und

$$a_2 = 1.$$

so ist

$$k_{a_2} = 2{,}6$$

und

$$I_d^{\text{II}} = \frac{U}{2\left(\dfrac{x_a}{2} + x_s\right)} \cdot k_{a_2} = \frac{6000 \cdot 2{,}6}{1{,}2} = 13\,000 \,\Omega.$$

Die Spannung an den Klemmen der Generatoren ist dabei praktisch 0 V, so daß das 60 kV-Netz während der Kurzschlußdauer von den Maschinen keinen Strom bezieht. Daher ist der Kurzschlußstrom an der Kurzschlußstelle gleich dem gesamten Maschinenstrom.

e) Die dynamische Beanspruchung der Sammelschienen mit einem Mittenabstand der Phasen von 25 cm beträgt je cm Länge:

$$P = \frac{2{,}04 \cdot 81\,000^2 \cdot 10^{-8}}{25} = 5{,}3 \text{ kg.}$$

Erfolgt die Abstützung von Meter zu Meter, so werden die Stützisolatoren mit

$$5{,}3 \cdot 100 = 530 \text{ kg}$$

beansprucht, welcher Wert über der Bruchfestigkeit der verbandsmäßigen Stützer Reihe 10 (500 kg) liegt. Mit verstärktem Porzellan, auch mit doppelter Anzahl von Reihenstützern, läßt sich im vorliegenden Falle eine Abhilfe schaffen. Für die Verbindungsleitungen, Durchführungen, Trennschalter usw. gelten die gleichen Gesichtspunkte. Besonders gefährdet sind Kabelmuffen und Kabelendverschlüsse, da in ihnen die Leiterabstände relativ gering sind.

f) Zulässige Beanspruchungszeit des defekten Kabels:

$$t = \frac{\vartheta \cdot F^2 \cdot \tau}{I^2_a \cdot p} = \frac{150 \cdot 70^2 \cdot 172}{13000^2 \cdot 3} = 0,25 \; s.$$

Das 70 mm² Cu-Kabel wäre also schon nach 0,25 s gefährdet. Eine Momentauslösung des Ölschalters ist jedoch mit Rücksicht auf die dabei auftretende Kurzschlußausschaltleistung unerwünscht. Die Beanspruchung der Anlage wird durch den Einbau einer Kurzschlußdrosselspule wesentlich gemildert.

2. Anlage mit Kurzschlußdrosselspulen.

Die Kurzschlußdrosselspule besitze einen induktiven Spannungsabfall bei Nennstrom ($I = 200$ A) von 4% der Phasenspannung.

a) Nennstrom der Generatoren:

$$I_n = 4800 \; A.$$

b) Reaktanz der Kurzschlußdrosselspule je Phase:

$$x_D = \frac{U}{\sqrt{3} \cdot I} \cdot \frac{r}{100} = \frac{6000 \cdot 4}{1,73 \cdot 200 \cdot 100} = 0,7 \; \Omega.$$

c) Streureaktanz und Ankerreaktanz der Generatoren je Phase:

$$x_s = 0,173 \; \Omega,$$
$$x_a = 0,86 \; \Omega.$$

d) Dauerkurzschlußstrom im Kurzschlußpfade:

Da

$$v = 2,57; \quad a_2 = \frac{x_s + x_a}{x_s} = 5,$$

so ist

$$k_{a_2} = 1,9$$

und

$$I_d^{II} = \cfrac{U}{2\left(\cfrac{x_a}{2} + x_s + x_n\right)} \cdot k_{a_2} = \frac{6000 \cdot 1{,}9}{2 \cdot 1{,}3} = 4400 \text{ A}.$$

Hier ist zu beachten, daß der Maschinenstrom sich aus dem Strom im Kurzschlußpfade und dem Laststrom im 60 kV-Netz zusammensetzt.

$$I_r = I_k \overset{\wedge}{+} I_l.$$

I_r resultierender Maschinenstrom in A,

I_k Kurzschlußstrom im kranken Kabel in A,

I_l Laststrom im übrigen Netz in A.

Da die Spannung hier an den Klemmen der Generatoren unwesentlich zusammenbricht, bleibt der Laststrom im 60 kV-Netz praktisch unverändert.

e) Zulässige Beanspruchungszeit des defekten Kabels:

$$t = \frac{\vartheta \cdot F^2 \cdot \tau}{I^2_l} = \frac{150 \cdot 70^2 \cdot 172}{4400^2} \cong 6 \, s.$$

Durch den Einbau der Kurzschlußdrosselspule in das Kabel kommt ein Stoßkurzschlußstrom praktisch nicht mehr zur Ausbildung, und der Dauerkurzschlußstrom wird wesentlich kleiner. Die Maschinen behalten dabei ihre volle Spannung, der Betrieb bleibt somit ruhig. Das kranke Kabel kann ohne Gefährdung mehrere Sekunden unter Kurzschluß stehen. Die Ölschalter haben nur noch eine verhältnismäßig geringe Ausschaltleistung zu bewältigen.

H. Schutzsysteme für verschiedene Anlageteile in Drehstromnetzen.

1. Einführung.

Die Erläuterungen zu den Abb. 57 und 62 geben andeutungsweise Aufschluß, welche Relaisarten zum Schutze von Generatoren, Transformatoren, Kabeln und Freileitungen zur Zeit zur Anwendung gelangen. Im folgenden soll auf die einzelnen Schutzarten, wie sie nach dem heutigen Stand der

Technik ausgeführt und angewendet werden, ganz allgemein eingegangen werden. Es sei vorausgeschickt, daß die Relaistechnik gegenwärtig im vollen Flusse ist und daß möglicherweise in Kürze für den einen oder anderen Anlageteil geeignetere Relais auf den Markt gebracht werden. Das eine kann wohl jetzt schon mit Sicherheit gesagt werden, daß die Relais nach dem Widerstandsprinzip noch lange den Markt beherrschen werden; denn sie eignen sich praktisch für jede Gestalt von Kabel-, Freileitungs- und gemischten Netzen und sie lassen sich ohne Schwierigkeiten auch nachträglich einbauen. Versagt ferner bei einer Störung die Auslösung eines Ölschalters, so wird durch diese Relais kurz darauf der nächste in Frage kommende zur Abschaltung veranlaßt, was bei den ausgesprochenen Fehlerschutzsystemen (Differentialschutz, Buchholz-Schutz, Polygonschutz usw.) keineswegs der Fall ist. Außerdem eignen sich die widerstandsabhängigen Relais für Generatoren-, Transformatoren- und Sammelschienenschutz.

Die erste Anlage mit widerstandsabhängigen Relais wurde Anfang 1923, und zwar in Deutschland mit Impedanzrelais deutschen Ursprungs in Betrieb genommen.[1] Heute ist schon nahezu die Hälfte der größeren Netze in Deutschland durch derartige Relais teilweise oder ganz geschützt. Auch im Auslande beginnt man allmählich, diese Relais in großem Umfange einzubauen.

Der Einführung der widerstandsabhängigen Relais standen anfangs sehr große Hemmungen entgegen, die weniger von den Elektrizitätswerken ausgingen. Daß sich der Widerstandschutz in Europa durchgesetzt hat, muß als Verdienst von Biermanns bezeichnet werden.

2. Generatorenschutz.

Der meist angewendete Schutz für Generatoren ist der Differentialschutz, dessen Wirkungsweise darin besteht, daß er die Ströme vor und hinter den Ständerwicklungen miteinander vergleicht. Solange die Wicklungen in Ordnung sind,

---

[1] Es ist eine irrtümliche Auffassung, daß der Widerstandschutz (Distanzschutz) zuerst in Amerika in die Wirklichkeit umgesetzt worden ist.

ist die Stromdifferenz zwischen Anfang und Ende jeder Phase gleich Null. Bei Kurzschluß der Wicklungen des Generators erhält das Differentialrelais Strom und leitet die Abschaltung des Aggregates sehr schnell, gewöhnlich in etwa 0,5 s, ein. Durch das Differentialrelais kann auch der Kurzschlußlichtbogen gelöscht werden, wenn man mit ihm die Schwächung bzw. das Abschalten der Erregung einleitet. Außerdem kann gleichzeitig die Frischdampfzuführung zu den Antriebsmaschinen unterbunden und die Feuer-Löscheinrichtung in Tätigkeit gesetzt werden.

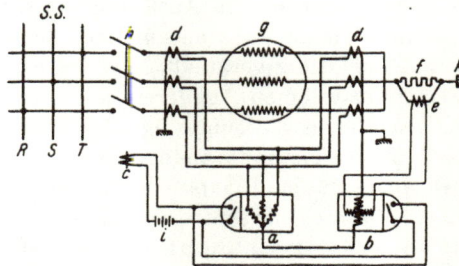

a Differentialrelais	f hochohmiger Widerstand
b Erdschlußrelais	g Generator
c Auslöser	h Ölschalter
d Stromwandler	i Gleichstromquelle
e Spannungswandler	k Erde

Abb. 63. Differential- und Erdschlußschutz von Generatoren.

Zum Anzeigen eines Gehäuseschlusses oder auch zur Abschaltung des Generators bei Erdschluß im Generatorenkreis dient gewöhnlich ein zusätzliches wattmetrisches Erdschlußrelais, dessen Stromspule vom Nullpunktstrom und dessen Spannungsspule von der Nullpunktspannung gespeist werden. In der Abb. 63 ist die Differentialschutzschaltung eines Generators im Prinzip dargestellt. Diese Schaltung wird in der Praxis verschiedentlich modifiziert. Ein Generator ist jedoch dann erst völlig geschützt, wenn zu den bereits erwähnten Schutzeinrichtungen noch Relais hinzugenommen werden, die ihn bei unzulässiger Überlastung und bei Kurzschluß der nächstliegenden Sammelschiene abschalten.

In einfacher Weise kann ein Generator auch durch Relais nach dem Widerstandsprinzip unter Zuhilfenahme des vorbeschriebenen Erdschlußrelais geschützt werden. Durch diese Schutzeinrichtung wird der gesamte Generatorenkreis einschließlich Sammelschienen sowohl gegen Überlastung und Kurzschluß als auch gegen Erdschluß geschützt.

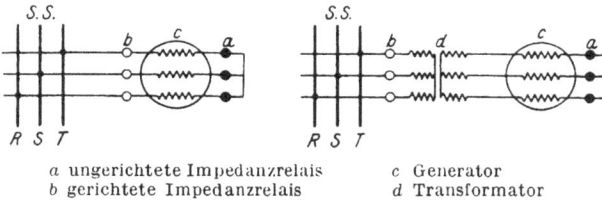

a ungerichtete Impedanzrelais   c Generator
b gerichtete Impedanzrelais   d Transformator

Abb. 64. Generatorschutz durch widerstandsabhängige Relais.

Die Abb. 64 zeigt die prinzipielle Anordnung dieser Schutzeinrichtung. Die Widerstandsrelais werden dabei mit ihren Wandlern vor und hinter die Ständerwicklung gesetzt. Ihre Schaltung kann für jede Seite entsprechend der Abb. 25 vorgenommen werden. Auf der Sternpunktseite verwendet man zweckmäßig richtungsunempfindliche Impedanzrelais, d. h. Relais ohne Richtungsglied. Die Relais auf der Sternpunktseite bewirken die Abschaltung des Generators auch dann, wenn er allein das Netz speist und in ihm ein Defekt auftritt. Der zweite Satz Impedanzrelais muß richtungsempfindlich sein. Er ist erforderlich, um unter Umständen kürzere Abschaltzeiten beim Generatorendefekt zu haben und auch um solche Kurzschlüsse abzuschalten, die unmittelbar vor den Stromwandlern auf der Rückseite des Generators liegen.

Die in vielen Werken zum Schutze der Generatoren eingebauten Energierichtungsrelais mit und ohne Zeitverzögerung sind in den Anlagen ungern gesehen. Sie geben oft Anlaß zu Falschauslösungen, da sie, ohne Übertreibung gesagt, zu 50% falsch angeschlossen und öfters nicht zweckentsprechend ausgelegt sind.

Die unabhängigen Überstromzeitrelais verfehlen bei den Generatoren ihren Zweck insofern, als sie bei Kurzschluß im äußeren Kreis des Schützlings einschließlich der Sammelschiene — der innere Kreis sei durch Differentialrelais geschützt — zu hohe Auslösezeiten einhalten, dagegen aber bei Überlastung viel zu früh auslösen. Angebrachter wären hier schon begrenzt abhängige Überstromzeitrelais mit entsprechend hoher Arbeitszeit im abhängigen und unabhängigen Bereich der Zeitkennlinien. Im unabhängigen Bereich dürfte die Zeit von 4 bis 7 s für die Praxis genügen. Die Überstromzeitrelais bei den Generatoren werden von manchen Elektrizitätswerken nur als letzte Sicherung für den Fall gewertet, wenn die Schutzeinrichtungen, die vor ihnen in Richtung des Netzes liegen, beim Auslösen versagen.

3. Transformatorenschutz.

Die Großtransformatoren schützt man vielfach durch Differentialschutz, der im Gegensatz zum Generatoren-Differentialschutz nicht nur die Ströme, sondern auch die Leistungen vor und hinter dem Transformator unter Berücksichtigung von Schaltung und Übersetzungsverhältnissen vergleicht. Das hierzu außer dem Stromdifferentialrelais erforderliche Leistungsdifferentialrelais gestattet gleichzeitig, im normalen Betrieb die Eisenverluste im Transformator zu messen. Das Entstehen eines Eisendefektes, sowie eines Erd-[1]) und Windungschlusses im Transformator kann hierdurch erfaßt werden. Für die Einstellung der tiefsten Ansprechgrenze ist in der Hauptsache der Magnetisierungstrom bei der höchsten Betriebsspannung maßgebend. Mit Rücksicht auf den Einschaltstromstoß leerlaufender Transformatoren wird der Differentialschutz bezüglich der Arbeitszeit relativ hoch eingestellt. Bei harten Transformatoren, d. h. bei Transformatoren mit kleiner Nennkurzschlußspannung, pflegt man die Auslösezeit auf 1,5 bis 2 s, bei weichen Transformatoren etwa auf 1 bis 1,5 s einzustellen. Bilden Generator und Transformator eine Betriebseinheit, so kann für sie ein gemeinsamer Strom-Differentialschutz zur Anwendung gelangen, dessen Auslösezeit gewöhnlich mit 0,7 bis 0,8 s bemessen wird. Die Stromwandler eines jeden Differentialschutzes müssen, sofern sie nicht einheitlicher Bauart sind, untereinander bis zu den höchsten auf der Sekundärseite auftretenden Strömen abgeglichen sein.

---

[1]) Nur bei hohen Netzerdschlußströmen.

Sehr viel wird zum Schutze der Transformatoren aller Größen der Buchholz-Apparat verwendet, der bekanntlich in das Verbindungsrohr zwischen Transformator und Ölkonservator eingebaut wird und die im Transformator bei irgendeiner Störung aufsteigenden Gas- und Luftblasen auffängt. Die Ansammlung der Gase bzw. die heftige Bewegung des Öles im Buchholz-Apparat zwingt die Schwimmanordnung zur Kontaktgabe. Bei schwacher Blasenbildung schließt ein Schwimmer den ersten Kontakt, und zwar für eine Signaleinrichtung. Tritt ein zu großer Fehler ein, so wird infolge der Ölbewegung vom Transformator zum Ölkonservator durch einen zweiten Schwimmer ein weiterer Kontakt geschlossen, der die Auslöseeinrichtung des Ölschalters in Tätigkeit setzt. Der Buchholz-Apparat spricht auch auf Undichtwerden der Transformatoren an, wenn der Ölspiegel um ein gewisses Maß zurückgeht. Er schützt den Transformator nur bei inneren Schäden; Überschläge an den Durchführungen werden durch ihn nicht erfaßt, auch ist er bei Überlastung der Transformatoren unempfindlich.

Gegen übermäßige Erwärmung der Transformatoren bei Überlastung verwendet man verschiedene Ausführungen von Thermo-Gefahrmeldern, deren Wärmeglied aus einem Flach- bzw. Spiral-Bimetallstreifen oder aus einer Quecksilbersäule besteht.

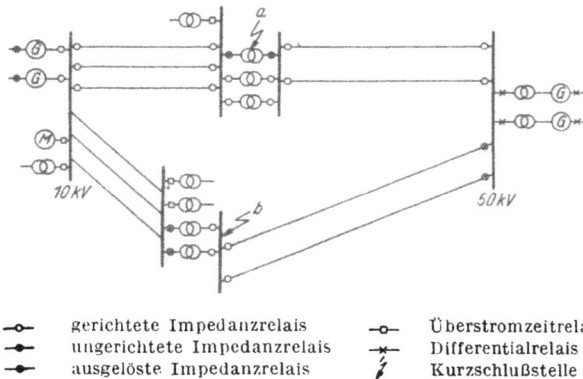

—o—	gerichtete Impedanzrelais	—o—	Überstromzeitrelais
—•—	ungerichtete Impedanzrelais	—✳—	Differentialrelais
—•—	ausgelöste Impedanzrelais	⚡	Kurzschlußstelle

Abb. 65. Vermaschtes Netz mit Transformator- bzw. Sammelschienenkurzschluß.

Die vorerwähnten Fehlerschutzsysteme haben den Nachteil, daß sie auf Sammelschienenkurzschluß nicht reagieren.

In den letzten zwei Jahren werden auch Transformatoren vielfach mit widerstandsabhängigen Relais ausgerüstet, und das mit Recht; denn die Transformatoren stellen, ebenso wie Freileitungen und Kabel, für diese Relais lediglich Widerstände dar. Die Relais schalten daher auch die Transformatoren selektiv ab, unabhängig davon, ob über einen oder über mehrere parallel betriebene Transformatoren gespeist wird, oder ob die Speisung einseitig, wechselseitig oder beiderseitig erfolgt. In Abb. 65 wird der vom Fehler betroffene Transformator *a* durch seine Impedanzrelais abgeschaltet. Die Impedanzrelais schützen die Transformatoren gegen Überlastung und Sammelschienenkurzschluß. Es steht selbstverständlich nichts im Wege, daß die mit Impedanzrelais geschützten Transformatoren außerdem mit Buchholz-Apparaten, Thermo-Gefahrmeldern und Differentialschutz versehen werden.

4. Sammelschienenschutz.

Es sind in letzter Zeit wiederholt Sonderschutzschaltungen für die selektive Abtrennung der Sammelschienen bei Kurzschluß vorgeschlagen worden. Sie haben jedoch bis jetzt praktisch noch keinen Eingang gefunden, da sie zu kompliziert und unübersichtlich sind. Von den Überstromzeitrelais kann man aus bekannten Gründen keine selektive Abschaltung, insbesondere bei wechsel- und mehrseitiger Speisung, verlangen. Am einwandfreiesten werden die Sammelschienenkurzschlüsse noch durch die Relais nach dem Widerstandsprinzip abgeschaltet, und zwar durch die Relais der Leitungen und Transformatoren an den nächstliegenden Sammelschienen. Dies ist in der Regel keineswegs ein Nachteil, da die kurzgeschlossenen Sammelschienen doch spannungslos gemacht werden müssen und die Zubringer-Transformatoren und -Leitungen dann keinen Strom mehr zu führen brauchen. In Abb. 65 wird die schadhafte Sammelschiene *b* durch die Impedanzrelais mit gekreuzten Zeichen -⊗- an den nächstliegenden gesunden Sammelschienen abgeschaltet, während die Richtungsglieder der Impedanzrelais mit dem normalen Zeichen -○- an der betroffenen Sammelschiene die Auslösung verhindern. In Netzteilen, bei denen die Leitungen sowie die Transformatoren mit widerstandsabhängigen Relais geschützt sind, erübrigt sich daher die Beschaffung eines besonderen Sammelschienenschutzes.

5. Freileitungsschutz.

Durch die Vermaschung und den Zusammenschluß von Netzen sowie durch das Parallelfahren von Kraftwerken, wie es im Zuge der Entwicklung liegt, ergeben sich Netzgestalten, die sich nach den heutigen Erfahrungen nur noch durch Relais nach dem Widerstandsprinzip einwandfrei selektiv schützen lassen. Der Einbau solcher Relais in Leitungsnetze ist im allgemeinen dann gerechtfertigt, wenn die auf S. 8 angeführten Bedingungen vorliegen. Strahlenförmig betriebene Netze können mit dem bekannten billigeren Überstromzeitrelais ausreichend geschützt werden, desgleichen auch die von vermaschten Netzen abgehenden Stichleitungen. Die Überstromzeitrelais müssen hier eine Zeiteinstellung besitzen, die bei Kurzschluß bei etwa 1,5 s liegt, um eine Kollision in der Auslösezeit mit den Impedanzrelais in den Ring- bzw. Parallelleitungen zu vermeiden (vgl. auch S. 9).

Einfache Ringleitungen mit einseitiger Speisung können mit Erfolg auch durch unabhängige Überstromzeitrelais in Verbindung mit Richtungsrelais mittels der sog. gegenläufigen Staffelung selektiv geschützt werden. Bei dieser Schutzanordnung dürfen jedoch nicht viele Unterstationen hintereinander liegen, da sonst die Abschaltzeiten der dem Kraftwerk nächstliegenden Relais für den Betrieb zu hoch ausfallen würden.

Die Erdschlüsse werden in Hochspannungsnetzen, im Gegensatz zu den Kurzschlüssen und Doppelerdschlüssen, gewöhnlich nicht sofort abgeschaltet, sondern durch Anzeigeeinrichtungen nur gemeldet. Damit soll der Bedienung Gelegenheit gegeben werden, den Erdschluß ausfindig zu machen und den Betrieb so zu gestalten, daß die Abschaltung der Fehlerstelle dann keinen oder nur einen geringen Stromausfall zur Folge hat. Dies ist jedoch praktisch nur in kompensierten Netzen durchführbar. Für eine selektive Anzeige des betroffenen Anlageteiles eignen sich am besten Relais, die von der

Nullpunktleistung gesteuert werden. Über Erdschlußanzeige und Lokalisierung wird Näheres noch im Abschnitt J gesagt.

6. Kabelschutz.

Das unter 5 über den Freileitungsschutz Gesagte gilt auch für den Kabelschutz. Zur Ergänzung sei bemerkt, daß es für die Kabel noch eine ganze Anzahl von Schutzeinrichtungen auf dem Markte gibt, wie Pfannkuch-Schutz, Z.D.-Schutz, Polygonschutz usw., denen jedoch die Einführung im größeren Umfange dadurch erschwert ist, daß mit ihnen entweder nur Spezialkabel geschützt werden können oder aber, wie beim Polygonschutz, mindestens drei parallele Kabel vorhanden sein müssen, sofern man von Sonderschaltungen absieht.

Der früher sehr viel in Kabelnetzen angewandte Differentialschutz wird nur noch vereinzelt eingebaut. Er wurde durch den Impedanzschutz verdrängt, der so ziemlich in allen großen und mittleren Kabelnetzen Deutschlands Eingang gefunden hat.

7. Umformerschutz.

Das häufige Herausfallen der Umformer bei Störungen in den Hochspannungsnetzen bringt vielfach Unruhe in die Gleichstromnetze hinein. Dieser Übelstand wird von der Betriebsführung der Werke als besonders lästig empfunden, und man hat daher im Laufe der letzten drei Jahre dieser Frage größere Aufmerksamkeit gewidmet. Es wurde festgestellt, daß das Außertrittfallen der Einankerumformer bei Spannungsabsenkungen im Hochspannungsnetz bis auf 35% Restspannung verhindert werden kann, wenn die Einankerumformer im Augenblick der Spannungsabsenkung über einen Widerstand vom Gleichstromnetz aus gespeist werden. Die Schutzeinrichtungen, wie Unterspannungsrelais und Rückstromautomaten, brauchen im allgemeinen lange nicht so empfindlich eingestellt zu werden, wie man es häufig in der Praxis antrifft. Es würde zu weit führen, auf die verschiedenen Vorschläge zur Verbesserung der Schutzeinrichtungen von Einankerumformern hier einzugehen; einige Veröffentlichungen, in denen brauchbare Lösungen und Vorschläge gebracht werden, sollen hier jedoch zur Orientierung Erwähnung finden:

Hillebrand, »Das Verhalten von Einankerumformern bei Hochspannungs-Netzkurzschlüssen«. »Mitteilungen der Vereinigung der E.W.« 1926, S. 326.

Schindler, Schwenkhagen und Lenz, »Einfluß von Spannungs- und Frequenzschwankungen der speisenden Netze auf den Betrieb von Einankerumformern«. ETZ 1927, Heft 48, S. 129.

Hillebrand und Meiners, »Automatische Wiedereinschaltung von Einankerumformern und Synchronmaschinen bei kurzzeitigen Störungen in Drehstromnetzen«. »AEG-Mitteilungen« 1929, Heft 1 und 2.

8. Schutzeinrichtungen für Großkonsumentenanlagen.

Die Konsumentenanlagen schützt man, sofern es sich um Stichleitungen handelt, einfach und billig mit begrenzt abhängigen bzw. abhängigen Überstromzeitrelais. Diese halten bei größeren Kurzschlußströmen Arbeitszeiten unter 1,5 s ein, weisen dagegen bei Überlastungen verhältnismäßig hohe Arbeitszeiten auf und führen bei kurzzeitigen Stromstößen, wie z. B. beim Einschalten von Motoren, nicht zur Auslösung. Münden mehrere Leitungen oder Kabel auf ein und dieselbe Sammelschiene des Konsumenten, so sind widerstandsabhängige Relais, gerichtete Überstromzeitrelais oder Polygonschutz anzuwenden. Wird aus irgendwelchem Grunde beim Ausbleiben der Spannung auf der Hochvoltseite das Abschalten der Konsumentenanlage verlangt, so empfiehlt es sich, eine Unterspannungsauslöseeinrichtung anzuwenden, die die Auslösung der Ölschalter dann bewirkt, wenn die Spannung zwischen allen drei Phasen 3 bis 5 s lang ausbleibt. Bei zwei- und dreipoligen Kurzschlüssen in Hochspannungsnetzen, die nach den heutigen Anforderungen der Werke in 1 bis 3 s abgeschaltet sein müssen und nur als vorübergehende Erscheinung anzusehen sind, sollen die Unterspannungszeitrelais keine Auslösung herbeiführen. Die an die Konsumentenanlage etwa angeschlossenen Asynchronmotoren können dann nach Wiederkehr der normalen Betriebsspannung wieder anstandslos auf die normale Drehzahl kommen. In Abb. 66 ist eine derartige Schaltung angeführt. Werden dagegen von der Konsumentenanlage

Synchronmotoren und Einankerumformer gespeist, so muß bei dreipoligem Absinken der Spannung unter 20%₀ der Nennspannung die Abschaltung ohne Verzögerung vorgenommen werden. Bricht jedoch die Spannung nur an zwei Phasen zusammen, so verhindert die Spannung der gesunden Phase das Außertrittfallen dieser Aggregate, und die Auslösung braucht nicht zu erfolgen. In solchen Fällen muß in der Schaltung in Abb. 66 das Zeitrelais *b* in Fortfall kommen.

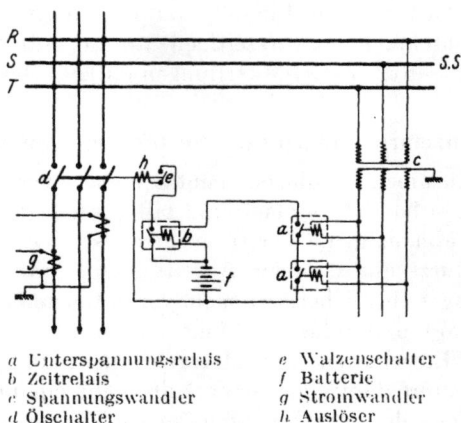

a Unterspannungsrelais	*e* Walzenschalter
b Zeitrelais	*f* Batterie
c Spannungswandler	*g* Stromwandler
d Ölschalter	*h* Auslöser

Abb. 66. Prinzipschaltung der Unterspannungs-Zeitauslösung.

Es ist grundverkehrt anzunehmen, daß die Konsumentenanlagen bei eigenem Kurzschluß verhältnismäßig schwach beansprucht werden und sie daher mit weniger kurzschlußfesten Apparaten ausgerüstet zu werden brauchen. Ist es doch häufig so, daß die Apparatur solcher Anlagen verhältnismäßig kleine Nennstromstärken aufweist und demzufolge die thermischen und dynamischen Wirkungen sich besonders schwer gestalten. Man bedenke, daß bei der engen Vermaschung der Kabelnetze der Städte und Industriewerke die höchsten Kurzschlußströme sich fast ungedrosselt in die Konsumentenanlagen ergießen und die ihnen nicht angepaßten Schutzeinrichtungen, wie die noch vielerorts vorhandenen Primärrelais oder die zu schwach bemessenen Stromwandler, rettungslos zerstören und danach noch andere Verwüstungen anrichten.

Mit Rücksicht auf die Höhe der Kurzschlußströme wird man oft, insbesondere bei kleinen zu schützenden Einheiten, gezwungen sein, die Stromwandler und Relais nur zum Schutze gegen Kurzschluß auszulegen und vom Überlastungsschutz durch sie abzusehen. Bei unzulässigen Erwärmungen können dann die Schützlinge, z. B. die Transformatoren, mittels Thermogefahrmelder, wie unter 3 beschrieben, angezeigt oder abgeschaltet werden. Will man an die Stromwandler noch Meßeinrichtungen anschließen, so wird weiter nichts übrigbleiben, als daß man die Wandler in ihrer Nennstromstärke dem Schützling anpaßt; dann fallen die Wandler aber sehr groß und sehr teuer aus.

J. Zulässige Dauerbelastung von Drehstromkabeln.[1)]

Den nachstehenden Belastungszahlen ist eine Leiterübertemperatur von 25° C bei der Verlegung eines Kabels in der üblichen Verlegungstiefe von 70 cm in Erde zugrunde gelegt.

Liegen mehrere Kabel in demselben Graben nebeneinander, so sind die Werte der Belastungstafel V nach

Zahlentafel V.

Höchste dauernd zulässige Stromstärke in A bei Verlegung von Papierbleikabeln im Erdboden.

Querschnitt mm²	Verseilte Dreileiterkabel bis					
	3 kV	6 kV	10 kV	15 kV	20 kV	30 kV
10	65	62	60	—	—	—
16	85	82	80	—	—	—
25	110	107	105	100	98	—
35	135	132	125	120	118	—
50	165	162	155	145	140	135
70	200	196	190	180	175	165
95	240	235	225	215	210	200
120	275	270	260	250	245	230
150	315	308	300	285	280	260
185	360	350	340	325	315	295
240	420	410	400	385	370	—
300	475	465	455	440	—	—

[1)] Siehe auch „Vorschriften für Bleikabel in Starkstromanlagen", VDE-Sonderdruck 403.

Tafel VI zu vermindern, die für den üblichen lichten Abstand der Kabel in Ziegelsteinstärke errechnet sind.

Gesondert verlegte Mittelleiter bleiben hierbei unberücksichtigt. Bei aussetzendem Betrieb ist eine zeitweilige Erhöhung der Belastung über die in Tafel V angegebenen Werte zulässig, sofern dadurch keine größere Erwärmung als bei der der Tafel entsprechenden Dauerbelastung entsteht.

Bei Verlegung von Kabeln in Luft ist es empfehlenswert, die Kabel nur mit 75% der in Tafel V angegebenen Werte zu belasten. Bei Verlegung in Kanälen oder in Rohren ist eine weitere 10proz. Verminderung am Platze. Bei Anhäufung mehrerer Kabel in Kanälen oder Rohrblöcken sind die in Tafel V angegebenen Werte außerdem mit den in Tafel VI enthaltenen Faktoren zu multiplizieren.

Zahlentafel VI.

Anzahl	2	4	6	8
Faktor	0,9	0,8	0,75	0,7

Sind mehrere Kabel in demselben Graben in mehreren Lagen übereinander verlegt, so müssen die zulässigen Belastungsstromstärken von Fall zu Fall festgestellt werden.

Für Kabel mit Aluminiumleitern beträgt die Belastbarkeit nur 75% der in der Tafel V angegebenen Werte.

Die H-Dreifachkabel können wegen besserer Wärmeableitung um 10 bis 15% höher belastet werden als Dreifachkabel mit Gürtelisolation gleicher Betriebsspannung. Einleiterkabel ohne Armierung lassen sich um 20 bis 30% höher belasten als die entsprechenden Dreifachkabel mit Gürtelisolation.

K. Erdschlußstrom in galvanisch zusammenhängenden Netzen und Erdschlußschutzeinrichtungen.

Zu einem geregelten Betrieb von Hochspannungsnetzen gehört außer einem guten selektiven Kurzschlußschutz auch ein wirksamer Erdschlußschutz. Sind es doch gerade Erdschlüsse, die in Hochspannungsnetzen, insbesondere in Frei-

leitungsnetzen, zu den meisten Betriebsstörungen Anlaß geben.
Welcher Art die Betriebsstörungen sind, erübrigt sich anzugeben,
da darüber in der Literatur schon überaus viel berichtet wurde,
und sie jedermann, der mit der Betriebsführung elektrischer
Anlagen einigermaßen vertraut ist, zur Genüge bekannt sind.
Uns interessieren hier vor allem Hochspannungsnetze mit nicht
kurzgeerdetem Nullpunkt des Leitungssystems, wie dies z. B.
in Deutschland durchweg der Fall ist. In Netzen mit kurzgeerdetem Systemnullpunkt kommt jeder einfache Erdschluß
einem einpoligen Kurzschluß gleich und kann infolgedessen
mit Kurzschlußschutzeinrichtungen ohne weiteres in Zeiten
von 0,2 bis 3 s selektiv abgeschaltet werden.

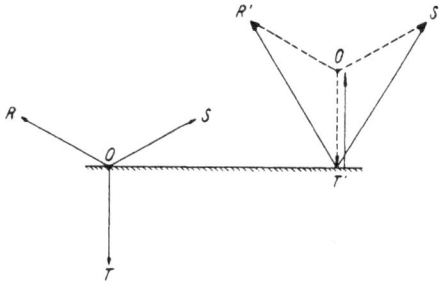

Abb. 67. Verlagerung des Systemnullpunktes bei Erdschluß.

Bevor zu den einzelnen Erdschlußanzeige- und -abschalt-
einrichtungen übergegangen wird, sollen die Kennzeichen des
Erdschlusses kurz gestreift und die Berechnung der Erdschlußströme gezeigt werden.

Im normalen Betrieb hat der Sternpunkt eines Drehstrom-
netzes, wenn man von den geringen betriebsmäßigen Span-
nungsunsymmetrien absieht, das Erdpotential. Bekommt eine
Phase der Netzanlage Berührung mit Erde, so erhöhen sich
die Spannung des Systemnullpunktes und die Spannungen
der gesunden Leiter gegen Erde um einen gewissen Betrag.
Bei vollständigem Erdschluß, d. h. wenn der Übergangswiderstand zwischen Leiter und Erde sehr klein ist, weist der mit Erdschluß behaftete Leiter praktisch keine Spannung, die beiden
gesunden Leiter die volle verkettete Spannung gegen Erde
auf, vgl. die Vektoren $T'S'$ und $T'R'$ in Abb. 67. Der

Systemnullpunkt hebt sich dabei um die 'volle Phasenspannung, vgl. den Vektor OT' in derselben Abbildung. Die
Spannung zwischen dem Sternpunkt des Systems und der
Erde wird Nullpunktspannung $T'O$, der Strom und die Leistung
entsprechend Nullpunktstrom und Nullpunktleistung genannt.
Je vollständiger der Erdschluß ist, desto höher wird die Nullpunktspannung, ferner die Spannung zwischen den gesunden
Leitern und der Erde und mithin der Erdschlußstrom· bzw.
Nullpunktstrom. Der Erdschlußstrom, womit hier der Strom
im Erdschlußpunkt gemeint ist, wird in der Praxis gewöhnlich
aus der Leitungslänge und der verketteten Betriebsspannung
unter Zugrundelegung eines bestimmten Faktors errechnet.
Zur Ermittlung des Erdschlußstromes eines Netzes bedient
man sich der von Petersen angegebenen empirischen Formel

$$I_e = \frac{U}{10000} \cdot \frac{l}{100} \cdot c. \quad\ldots\ldots\ldots (37)$$

die einen brauchbaren Mittelwert für 100 km Leitungslänge bei
10 kV und 50 Hz in A gibt. Es bedeuten in ihr:

l Leitungslänge in km,

U verkettete Spannung des Netzes in V,

c mittlerer Faktor für Freileitungen mit Erdseil 3,

für Freileitungen ohne Erdseil 2,5,

für normale Kabel . . . . 50 bis 100.

Die Formel (37) sowie die nachstehenden drei Kurventafeln
setzen einen vollständigen Erdschluß voraus, d. h. die Nullpunktspannung ist gleich der vollen negativen Phasenspannung.

In der Kurventafel Abb. 68 sind die Erdschlußströme für
Einfachleitungen mit Erdseil in Abhängigkeit von der Leitungslänge bei verschiedenen Betriebsspannungen aufgetragen. Die
darin enthaltenen Erdschlußströme stellen angenäherte Mittelwerte dar und gelten nur als Richtwerte für den praktischen
Gebrauch. Für die genaue Berechnung der Erdschlußströme
sind außer der Angabe der Betriebsspannung und der Leitungslänge noch Unterlagen über Leiterabstand, Seilradius, Leiterhöhe, Mastform sowie Anzahl und Anordnung der Erdseile
erforderlich. Die im Zuge der Leitungen liegenden Anlageteile,
wie Sammelschienen, Transformatoren, Ölschalter, Maste usw.,

sind gleichfalls nicht ohne Einfluß auf die Größenordnung des Erdschlußstromes.

Bei Freileitungen ohne Erdseil sind die Erdschlußströme bei sonst gleichen Bedingungen um etwa 20% geringer. Doppel-

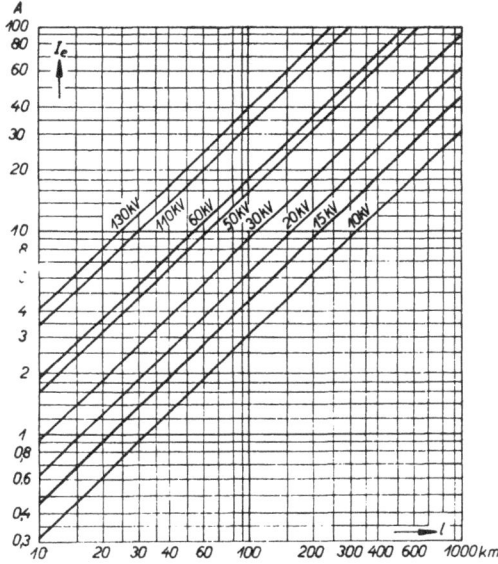

Abb. 68. Erdschlußstrom von Einfach-Drehstromfreileitungen mit Erdseil bei 50 Hz.

leitungen in Tannenbaum- sowie in umgekehrter Tannenbaumanordnung mit Erdseil haben z. B. bei 110 kV je 100 km einen Erdschlußstrom von etwa $I_e = 54$ A. je Strang also 27 A. Ist ein Strang der Doppelleitungen geerdet, so ergibt sich für die ungeerdete Leitung ein Strom $I_e = 36$ A. Ist dagegen der eine Strang an beiden Enden offen und nicht geerdet, so wird der Erdschlußstrom des anderen Stranges etwa $I_e = 33$ A.

Für Kabel in normaler Ausführung mit runden Leitern sind die Erdschlußströme für Betriebsspannungen von 3 bis 30 kV in der Abb. 69 graphisch aufgetragen. Bei Sektorkabeln, die normalerweise nur bis 10 kV hergestellt werden, liegen die Erdschlußströme bei derselben Betriebsspannung um etwa 20,

30 und sogar 40% höher, H-Kabel haben bei den gleichen Bedingungen für Betriebsspannung, Länge und Querschnitt un-

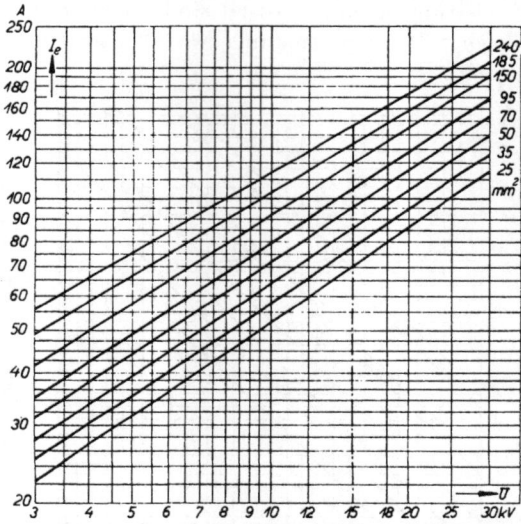

Abb. 69. Erdschlußstrom von normalen Drehstromkabeln
bei 50 Hz, bezogen auf 100 km.

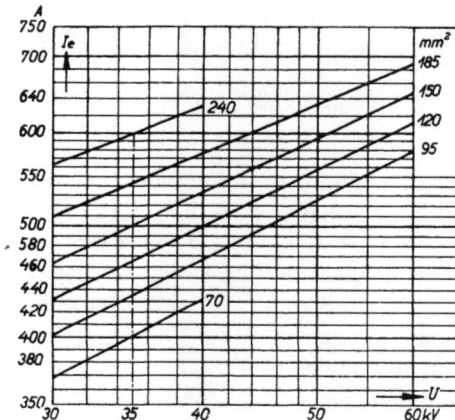

Abb. 70. Erdschlußstrom von Drehstromkabeln in H-Ausführung
bei 50 Hz, bezogen auf 100 km.

gefähr die 2,5fachen Erdschlußstromwerte, siehe Kurventafel
Abb. 70.

Zur Anzeige bzw. zur Abschaltung von Erdschlüssen benutzt man die eingangs erwähnten Erdschlußkennzeichen, die der Übersicht halber hier nochmals kurz zusammengefaßt seien:

a) Zusammenbruch der Spannung zwischen dem kranken Leiter und der Erde.

b) Erhöhung der Spannung zwischen den gesunden Leitern und der Erde.

c) Auftreten der Nullpunktspannung, d. h. der Spannung zwischen dem Systemnullpunkt und der Erde.

d) Auftreten des Nullpunktstromes.

e) Auftreten der Nullpunktleistung.

In Hochspannungsnetzen werden diese Kennzeichen des Erdschlusses den Relais und Meßinstrumenten über Wandler vermittelt. Dabei muß der Sternpunkt der Spannungswandler zur einwandfreien Übersetzung bei Erdschluß auch auf der Hochspannungseite geerdet sein.

Die derzeitigen Erdschlußanzeigeeinrichtungen können je nach ihrer Bestimmung und Leistung in drei Gruppen eingeteilt werden:

1. Einrichtungen zur Anzeige des Erdschlusses.

2. Einrichtungen zur Anzeige des Erdschlusses und der betroffenen Phase.

3. Einrichtungen zur Anzeige des Erdschlusses und des betroffenen Anlageteiles.

Mitunter wird im Fall 3 auch die Abschaltung verlangt.

Der Zusammenbruch der Spannung gegen Erde an dem mit Erdschluß behafteten Leiter wird in der Praxis hauptsächlich für Anzeigeeinrichtungen benutzt, bei denen Voltmeter oder Relais gemäß Schaltung in Abb. 71 angeschlossen sind. Diese Art von Einrichtungen ist wohl die erste auf dem Markte gewesen. Man trifft sie fast in jeder Anlage an. Die Voltmeter oder Relais werden mitunter

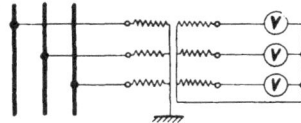

Abb. 71. Prinzipschaltung für die Gewinnung der Spannung zwischen Phase und Erde.

auch mit Signalkontakten versehen, die allerdings nur bei den Relais als zuverlässig anzusehen sind. Werden mit diesen Einrichtungen auch akustische Signalapparate betätigt, so empfiehlt es sich, zur Speisung des Signalkreises an Stelle einer Gleichstromquelle die Nullpunktspannung zu benutzen, da sonst auch die Kurzschlüsse durch sie angezeigt werden.

Die Erhöhung der Spannung zwischen den gesunden Leitern und der Erde bei Erdschluß wurde zum Anzeigen des Erdschlusses und der betroffenen Phase erstmalig durch die von Dr. Piloty angegebene Zickzackschaltung ausgenutzt. Diese Anzeigeeinrichtung hat der vorbeschriebenen gegenüber den Vorteil, daß sie bei Kurzschluß den akustischen Signalapparat nicht betätigt, auch wenn für den Signalkreis eine Hilfsstromquelle benutzt wird. Eine genaue Beschreibung dieser Einrichtung ist in den AEG-Mitteilungen 1927, Heft 11, gegeben.

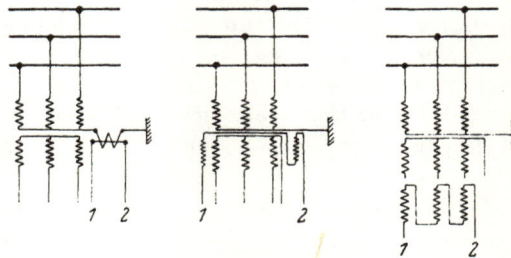

Abb. 72. Prinzipschaltung für die Gewinnung der Nullpunktspannung.

Zur Gewinnung der Nullpunktspannung bedient man sich vielfach der Fünfschenkelspannungswandler, bei denen diese Spannung auf der Niedervoltseite in der Hilfswicklung, die auf dem 4. und 5. Schenkel sitzt, induziert wird. Die Nullpunktspannung kann natürlich auch auf anderem Wege gewonnen werden, wie dies z. B. zwei Schaltungen in Abb. 72 zeigen. Im normalen Betrieb tritt im Meßkreis der Nullpunktspannung praktisch keine Spannung auf; dasselbe trifft auch bei zwei- und dreipoligem Kurzschluß zu. Er erhält eine erhöhte Spannung, wenn eine der Phasen der Anlage mit Erde Berührung bekommt. Wird nun in den Kreis der Nullpunktspannung ein Relais bzw. ein Voltmeter geschaltet, so wird dieses bei Auftreten eines Erdschlusses erregt und zur Betätigung des Signalkreises oder Auslösekreises veranlaßt. Diese Anzeige- bzw.

Abschalteinrichtungen sind sehr einfach und billig, sie haben jedoch den Nachteil, daß sie nicht die gestörte Phase angeben.

Die Anzeige oder Abschaltung von erdschlußbehafteten Anlageteilen kann in manchen Netzgebilden auch durch den Nullpunktstrom oder, besser gesagt, durch den am Einbauort der Relais fließenden Unsymmetriestrom (Summenstrom) herbeigeführt werden. Der Unsymmetriestrom wird dabei den Relais gewöhnlich durch die bekannte Holmgren-Schaltung, die in Abb. 73 im Prinzip dargestellt ist, vermittelt. Bei Kabeln gewinnt man den Unsymmetriestrom manchmal auch durch die Sekundärwicklung von Kabelringstromwandlern.

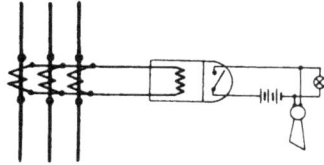

Abb. 73. Prinzipschaltung für die Gewinnung des Nullpunktstromes.

In nicht kompensierten Netzen verteilt sich der Unsymmetriestrom bekanntlich derart, daß sein Höchstwert an der Erdschlußstelle und sein Mindestwert an den Enden der Leitungen auftritt, vgl. Rüdenberg, »Elektrische Schaltvorgänge«, 1923, S. 152. Die Relais, die der Fehlerstelle am nächsten liegen, erhalten demzufolge den größten Unsymmetriestrom und können, je nachdem sie ausgelegt sind, zur selektiven Anzeige oder zur selektiven Abschaltung verwendet werden. In Stichleitungen genügen im allgemeinen die einfachen, sofort wirkenden Überstromrelais, nur müssen deren Wicklungen bezüglich der AW-Zahl so bemessen sein, daß der Unsymmetriestrom nur die Relais in der kranken Leitung zum Ansprechen bringt. In Ringleitungen liegen die Verhältnisse schon schwieriger. Hier müssen die Erdschlußrelais zur Erzielung von Staffelzeiten eine von der Stromstärke abhängige Arbeitszeit aufweisen und außerdem Richtungsglieder zur Freigabe oder Sperrung der Kontakteinrichtung für den Auslösestromkreis besitzen. Selbstverständlich können diese Relais auch in Stichleitungen verwendet werden.

In kompensierten Netzen ist der gesamte Unsymmetriestrom an der Erdschlußstelle nicht mehr am größten, sondern nur der Wirkstrom, der sich bekanntlich aus dem Ableitungsstrom der Leitungen gegen Erde und aus dem Wirkstrom der Kompensationsdrosselspulen, bedingt durch deren Wärmeverluste, ergibt. Dieser Wirkstrom ist übrigens der Nullpunktspannung phasengleich. Zur Erfassung der Erd-

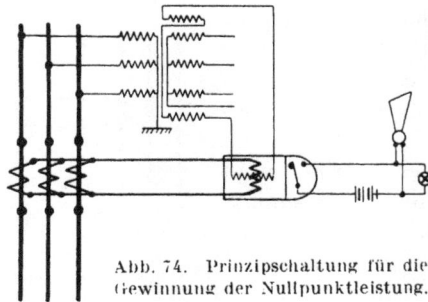

Abb. 74. Prinzipschaltung für die Gewinnung der Nullpunktleistung.

schlüsse in kompensierten Netzen bedient man sich haupt-sächlich wattmetrischer Relais, die vom restlichen Unsym-metriestrom und von der Nullpunktspannung gespeist werden und richtungsempfindlich sind. Die Relais sprechen auf das Produkt $u \cdot i \cos \varphi$ an und werden in der Praxis $\cos \varphi$-Relais genannt. Die innere und äußere Schaltung dieser Relais ist aus der Abb. 74 ersichtlich.

Der mit Erdschluß behaftete Netzteil wird durch diese Re-lais dadurch kenntlich gemacht, daß in ihm die Relais an

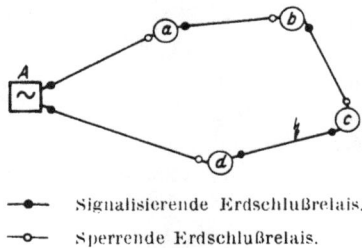

——•—— Signalisierende Erdschlußrelais.

——○—— Sperrende Erdschlußrelais.

Abb. 75. Verhalten der selektiv anzeigenden Erdschlußrelais bei Erdschluß.

beiden Enden signalisieren, während in dem gesunden Netz-teil höchstens nur an einem Ende die Relais Signal geben (vgl. Abb. 75).

Will man durch die Relais selektive Abschaltungen erreichen, so muß man deren Arbeitszeiten in entsprechender Weise von der Größe des Wattstromes abhängig machen — die Nullpunktspannung ist im ganzen Netz praktisch gleich —, so daß die der Fehlerstelle nächstliegenden Relais die Auslösung am schnellsten herbeiführen. Mit derartigen Relais ist z. B. das 30 kV-Kabelnetz der Stadt Berlin ausgerüstet. Gewöhnlich wird in kompensierten Netzen nur die selektive Erd-

Abb. 76. Wattmetrisches Erdschlußrelais der AEG.

schlußanzeige verlangt, da eine Abschaltung von Netzteilen je nach der Netzgestalt mitunter die Aufrechterhaltung der Energieversorgung gefährden kann. Das Weiterfahren im Erdschluß ist, wie die Erfahrungen zeigen, oft unbedenklich, da durch die bekannten Löscheinrichtungen die Begrenzung des Erdschlußstromes, die Unterdrückung des Erdschlußlichtbogens und die Beseitigung der Erdschlußüberspannungen mit gutem Erfolg erreicht wird.

Die wattmetrischen Relais werden mitunter auch in unkompensierten Netzen verwendet; sie erhalten dann jedoch anstatt der cos φ-Schaltung die sin φ-Schaltung, weil der Kapazitätsstrom, wie bekannt, der Nullpunktspannung um 90⁰ vorauseilt. In den Abb. 76 und 77 sind die wattmetrischen Relais der Firmen AEG und S. & H. wiedergegeben.

Abb. 77. Wattmetrisches Erdschlußrelais von S. & H.

L. Literaturverzeichnis.

Ackerman P., Relay Protection ... Journal of the Engineering Institute of Canada 1921, S. 238 bis 249.

—, Relay Protection ... Journal of the Engineering Institute of Canada 1922, Heft 12.

Ahrberg F. und Gaarz W., Der Erdschluß in Hochspannungsnetzen, Sonderheft von S. & H. 1928.

Bernett P., Die Bekämpfung des Erd- und Kurzschlusses in Höchstspannungsnetzen. Verlag R. Oldenbourg, München 1927.

Biermanns J., Über den Schutz elektrischer Verteilungsanlagen gegen Überströme. ETZ 1919, S. 593, 612, 633, 648.

—, Überströme in Hochspannungsanlagen. 1926, Verlag von Julius Springer.

—, Selektivschutz von Hochspannungsnetzen. Bulletin des S.E.V. 1927, Heft 3.

—, Fehlerschutz von Hochspannungsnetzen, E. u. M. 1925, S. 369.

—, Sicherung der elektrischen Energieversorgung. ETZ 1925, S. 909.

Buchholz H., Untersuchungen über Wärmeverluste, die magnetische Energie und das Induktionsgesetz bei Mehrfachleitersystemen und Berücksichtigung des Einflusses der Erde. Archiv f. Elektr. 1928, Heft 2.

Burger O., Berechnung von Drehstromkraftübertragungen. 1927, Verlag von Julius Springer.

Fischer R., Erfahrungen mit dem Schutzsystem des Ostpreußenwerkes. ETZ 1928, Heft 10.

Goldstein J., Die Meßwandler. 1928, Verlag von Julius Springer.

Groß E., Betriebskontrolle von Erdschlußrelais. E. u. M. 1928, Heft 53.

—, Selektivschutz durch Distanzrelais, E. u. M. 1927, Heft 39.

Iliovici A., Protection sélective des réseaux, Etienne Chiron, éditeur, Paris 1928.

Koch W., Über Distanzrelais. Fachberichte des VDE 1927, S. 32 bis 35.

Langrehr H., Rechnungsgrößen für Hochspannungsanlagen. AEG-Mitteilungen 1927, Heft 11.

Lesch G., Neuerungen auf dem Gebiete des Distanzschutzes. Fachberichte des VDE 1928.

Mayr O., Einphasiger Erdschluß und Doppelerdschluß in vermaschten Leitungsnetzen. Archiv f. Elektr. 1926, Heft 2.

—, Die Erde als Wechselstromleiter. ETZ 1925, Heft 38.

Petersen W., Erdschlußströme in Hochspannungsnetzen. ETZ 1916, S. 493 und 512.

Poleck N. und Sorge J., Zeitstufen-Reaktanzschutz für Hochspannungsfreileitungen. Siemens-Zeitschrift 1928, Heft 12.

Puppikofer N., Das Minimalimpedanzrelais. Bulletin des S. E. V. 1929, Heft 9.

Rüdenberg R., Elektrische Schaltvorgänge. Verlag von Julius Springer, 1923.

—, Kurzschlußströme beim Betrieb von Großkraftwerken. 1925, Verlag von Julius Springer.

— (Herausgeber), Relais und Schutzschaltungen in elektrischen Kraftwerken und Netzen. Verlag von Julius Springer, 1929.

Schmolz A., Die Entwicklung des Kurzschlußschutzes in den 110 kV-Leitungsanlagen der Bayernwerk-A.-G. ETZ 1928, Heft 12.

Schwaiger A., Ermittlung der Kurzschlußströme in Netzen. ETZ 1929, Heft 32.

Sorge J. und Wellhöfer, Impedanzschutz für Kabel und Freileitungen. Siemens-Zeitschrift 1928, Heft 11.

Stoecklin J., Impedanzrelais als Selektivschutz für Freileitungen. Bulletin des S. E. V. 1928, Heft 16.

Thießen W., Das Erdschlußrelais. Sonderheft der AEG 1928.

Walter M., Projektierung von Selektivschutzanlagen nach dem Impedanzprinzip. ROM-Verlag, Berlin-Charlottenburg 1928.

Sonderheft der AEG., Selektiver Überstromschutz durch das Distanzrelais, 1928.

Sonderheft der BBC, Der Selektivschutz von Freileitungen durch Distanzrelais, 1928.

Sonderheft der Dr. Paul Meyer-A.-G., Selektivschutz nach dem Impedanzprinzip, 1928.

—. Erdschlußrelais, 1929.

Sonderheft der Westinghouse Co., Impedance (Distance) Relay, 1926.

Die Bekämpfung des Erd- und Kurzschlusses in Höchstspannungsnetzen. Von Dr.-Ing. Paul Bernett. 53 S., 5 Abb. Gr.-8⁰. 1927. Brosch. M. 4.—.

Schaltungsschemata für zwei- und dreiphasige Stabrotoren. Von Ing. Dr. J. Bojko. 62 S., 7 Tab., 16 Abb. Gr.-8⁰. 1924. Brosch. M. 2.—.

Die Theorie moderner Hochspannungsanlagen. Von Dr.-Ing. A. Buch. 2. Auflage. 380 S., 152 Abb. Gr.-8⁰. 1922. Brosch. M. 11—, geb. M. 13.—.

Die Stromtarife der Elektrizitätswerke. Theorie und Praxis. Von H. E. Eisenmenger, New York. Autor. deutsche Übersetzung von A. G. Arnold, Berlin. 254 S., 67 Abb. Gr.-8⁰. 1929. Brosch. M. 13.—, geb. M. 15.—.

Taschenbuch für Monteure elektrischer Starkstromanlagen. Bearbeit. u. herausgeg. von S. Frhr. von Gaisberg. 88., neubearb. Auflage. 359 S., 229 Abb. Kl.-8⁰. 1927. In Leinen geb. M. 4.80.

Das Bürstenproblem im Elektromaschinenbau. Ein Beitrag zum Studium der Stromabnahme von Kommutatoren und Schleifringen bei elektrischen Maschinen. Von Dr.-Ing. W. Heinrich. 193 S., 114 Abb., Gr.-8⁰. 1930. Brosch. M. 10.—, Leinen M. 12.—.

Fahrleitungsanlagen für elektrische Bahnen. Von Fr. W. Jacobs. 296 Seiten, 400 Abb. Gr.-8⁰. 1925. Brosch. M. 9.—, geb. M. 10.50.

Freileitungsbau / Ortsnetzbau. Von F. Kapper. 4. umgearbeitete Auflage. 395 S., 374 Abb., 2 Taf. 55 Tab. Gr.-8⁰. 1923. Brosch. M. 12—, geb. M. 13.50.

Die Technik elektrischer Meßgeräte. Von Prof. Dr.-Ing. G. Keinath. 3. vollst. umgearb. Auflage. Gr.-8⁰.
Band I: Meßgeräte und Zubehör. 620 S., 561 Abb. 1928. Brosch. M. 33.—, in Leinen geb. M. 35.—.
Band II: Meßverfahren. 424 Seiten, 374 Abbildungen. 1928. Brosch. M. 22.50, in Leinen geb. M. 24.50.

Elektro-Wärmeverwertung als ein Mittel zur Erhöhung des Stromverbrauchs. Von Ing. R. Kratochwil. 2. umgearbeitete Auflage. 703 S., 431 Abb., zahlreiche Tabellen. Gr.-8⁰. 1927. Brosch. M. 38.50, in Leinen geb. M. 40.—.

Berechnung der Gleich- und Wechselstromnetze. Von Ing. K. Muttersbach. 123 S., 88 Abb. Gr.-8⁰. 1925. Brosch. M. 5.60.

Landes-Elektrizitätswerke. Von Dipl.-Ing. A. Schönberg und Dipl.-Ing. E. Glunk. 409 S., 148 Abb., 4 Taf., 56 List. Lex.-8⁰. 1926. Brosch. M. 23.—, in Leinen geb. M. 25.—.

Lehrgang der Schaltungsschemata elektrischer Starkstromanlagen. Von Prof. Dipl.-Ing. J. Teichmüller. 4⁰.

Bd. I: Schaltungsschemata für Gleichstromanlagen. 2. umgearb. Aufl. 139 S., 9 Abb., 27 Taf. 1921. In Leinen geb. M. 12.—.

Bd. II: Schaltungsschemata für Wechselstromanlagen. 2. umgearb. Aufl. 178 S., 20 Abb., 29 Taf. 1926. In Leinen geb. M. 12.—.

Kurzes Lehrbuch der Elektrotechnik für Werkmeister, Installations- und Beleuchtungstechniker. Von Prof. Dr. R. Wotruba. 203 S., 219 Abb. Gr.-8⁰. 1925. Brosch. M. 5.20, geb. M. 6.40.

Der ein- und mehrphasige Wechselstrom. Von Prof. Dr. R. Wotruba. 92 S., 97 Abb., Gr.-8⁰. 1927. Brosch. M. 3.60.

Die Transformatoren. Theorie, Aufbau und Berechnung. Ein Handbuch für Studierende und Praktiker. Von Prof. Dr. R. Wotruba und Ing. A. Stifter. 207 S., 102 Abb., 1 Tab. Gr.-8⁰. 1928. Brosch. M. 10.—, in Leinen geb. M. 11.50.

R. OLDENBOURG ● MÜNCHEN 32 UND BERLIN W 10

www.ingramcontent.com/pod-product-compliance
Lightning Source LLC
Chambersburg PA
CBHW031446180326
41458CB00002B/668